水下通用机械

张　惠　主编

海洋出版社

2020年·北京

内容简介

主要内容：本书系统地介绍了涉海领域一些常用水下机械的基本知识及典型水下机械的工作原理、结构、性能和特点，重点讨论了水下切割机械、水下开孔机械、水下紧固机械、水下挖掘机械、水下连接机械以及潜水器等内容。

本书特色：本书将基本理论知识与行业特色紧密结合，内容系统而翔实、图文并茂、实用性强，较好地适用于本科教学。

适用范围：本书可作为以海洋机械为特色的机械类专业教材，也适用于机械设计类、石油化工类、港航建工类、海洋科学类等专业本科生的教学，同时也可作为上述专业相关从业技术人员的参考书。

图书在版编目(CIP)数据

水下通用机械／张惠主编. --北京：海洋出版社，2020. 3
ISBN 978-7-5210-0582-0

Ⅰ. ①水…　Ⅱ. ①张…　Ⅲ. ①水下施工-机械化施工　Ⅳ. ①TU741. 1

中国版本图书馆 CIP 数据核字(2020)第 025868 号

责任编辑：郑跟娣
责任印制：赵麟苏
出版发行：海洋出版社
网　　址：www. oceanpress. com. cn
地　　址：北京市海淀区大慧寺路 8 号
邮　　编：100081
开　　本：787 mm×1 092 mm　1/16
字　　数：200 千字
发 行 部：010-62132549
总 编 室：010-62114335
编 辑 室：010-62100961
承　　印：北京朝阳印刷厂有限责任公司
版　　次：2020 年 3 月第 1 版
印　　次：2020 年 3 月第 1 次印刷
印　　张：10. 75
定　　价：49. 00 元

前　言

随着社会经济的发展，人类对各种能源的需求日益增加，作为可持续为人类提供资源和能源的海洋正在受到越来越多的关注，相应地，海洋开发和利用项目也不断涌现。在人类开发和利用海洋的过程中，涉及海洋石油开发、海洋能源开发、海洋资源利用、海洋探测等各领域的水下机械作为必不可少的工具设备，对其的研究和开发也正在同步进行，其应用水平和开发能力已成为衡量国家和企业技术水平的重要标志。

水下机械是海洋开发的重要技术装备，种类繁多，应用十分广泛。近几年来，水下机械技术发展十分迅速，新原理、新结构、新工艺和新材料不断出现，使得水下机械不断获得新的活力。其中，水下通用机械因其适用范围广需求量大，更加迫切需要进行创新和改进。因此，全面和熟练地掌握水下通用机械已成为工程技术人员适应新形势和新要求的重要任务。在此背景下，编者结合专业教学需求和课程要求编写了本书。

《水下通用机械》一书系统地介绍了涉海领域一些常用水下机械的基本知识及典型水下机械的工作原理、结构、性能和特点，重点讨论水下切割机械、水下开孔机械、水下紧固机械、水下挖掘机械、水下连接机械以及潜水器。水下切割机械部分主要包括三个方面的内容，即水下流体切割机械、水下固体切割机械及水下混合切割机械。水下开孔机械部分主要介绍水下开孔机的种类和性能参数，并对其驱动机构、传动机构以及液压控制系统的结构和工作原理进行详细的讨论。水下紧固机械部分首先介绍常用的水下手动紧固装置的类型和特点，其次介绍液压紧固装置的结构和工作原理。水下挖掘机械部分主要包括挖泥船、挖泥机以及水下挖沟机等水下挖掘机械，重点讨论了绞吸式、耙吸式、链斗式、抓斗式挖泥船的结构和工作原理以及挖泥机耙头的工作原理和特点、水下液压抓斗的类型和水下挖沟机的结构和特点。水下连接机械部分主要讨论水下连接器的种类、结构和性能参数，另外还介绍了水下对接装置的性能要求、结构和工作原理。潜水器部分主要介绍潜水器的种类、应用领域和关键技术，重点讨论潜水器的工况、系统组成，还对仿生潜水器的类型、推进装置、传动机构和控制系统进行介绍。

本书内容系统、翔实，图文并茂，实用性强，可以作为以海洋机械为特色的机械类专业教材，也适用于机械设计类、石油化工类、港航建工类、海洋科学类等专业本科生的教学，同时也可作为上述专业相关从业技术人员的参考书。

本书由浙江海洋大学教材出版基金资助出版。由于编者水平有限，书中不足、漏误之处在所难免，敬请读者批评指正，提出宝贵意见。本书所参考的研究成果已在参考文献中一一列出，如有遗漏，请联系编者。

编　者

2018. 12. 31

目　录

第1章 绪 论

地球表面被海水覆盖的面积约占地球表面积的71%。在如此广袤的海洋下，有着用之不尽、取之不竭的丰厚海洋资源。随着对海洋和江河等领域的开发利用日益增加，水下机械研发领域得到进一步拓展。目前，在水下机械研制领域处于先进地位的国家主要有美国、日本、德国和俄罗斯等，这些国家成功开发了一系列各种功能的水下机械，并已投入实际应用中。

水下机械根据系统所采用动力的不同可以分为电动、气动和液压等形式，主要完成水下开孔、水下切割、水下挖掘以及水下对接等任务。另外，根据工具输出变量的不同，水下机械还可以分为速度输出和力输出两种类型。速度输出型工具是指具有较高输出速度和较小输出力的工具，它们具有较低的工作压力和较大的工作流量，而力输出型工具则与速度输出型工具相反，通常具有较大的输出力和较小的输出速度。

1.1 概述

1.1.1 水下作业环境

水下机械主要工作在海水、江河等环境中，其中由于海水的深度、盐度、温度、能见度等因素变化范围大，因此，水下机械在海洋中的工作环境更加恶劣，其主要表现在以下几方面。

1) 地形复杂

根据其构造特征，海底地形可分为大陆边缘、大洋中脊、大洋盆地三大类型。大陆边缘是大陆与洋底之间的过渡地带，分为地形宽缓的大西洋型大陆边缘和狭窄陡峭的太平洋型大陆边缘。其中，大陆坡的深度在200~2 450 m，坡度较大，海沟的深度通常在6 000 m以上，地势险峻。大洋中脊是地球上最长和最宽的环球性洋中的山系，分为地形崎岖的脊顶区和地形平滑的脊翼区。大洋盆地位于大洋中脊与大陆边缘之间，分为海盆、海槽、海隆和海台四种类型，其中海盆位于水下4 000~5 000 m深度。

2) 温度低

海水温度是随着深度的增加而逐渐降低的，深度每增加 1 000 m，海水温度降低 1~2℃。在 3 000~4 000 m 的深海中，海水温度一般维持在 0℃左右。

长时间逗留在水温较低的环境中，操作人员通常会感觉不适，而且动作的灵活性和身体的协调性也有所降低，大大影响了操作人员的工作效率和准确率。因此，对于需要精细操作的任务，操作人员必须采取有效的保温措施。

3) 密度大

由于海水中含有大量的盐类和其他矿物质，因此，海水密度比淡水要大。另外，随着海水温度的变化，海水密度也会发生相应的改变。

由于海水比重的影响，使得操作人员在海水中游泳更省力，可以在三维方向上进行活动，但是如果处在失重状态下会使得一些简单操作变得十分困难。

4) 能见度低

由于海水对浅色光线吸收能力强，对深色光线吸收能力较弱，因此，在 700 m 以下的海水里，是无法凭借肉眼看见景物的。同时，由于海水中还存在着一些泥沙和植物，也会影响到操作人员的能见度。

在光线充足的清水中，水的光学性质会使操作人员对所观察到的物体的大小、颜色和距离产生错觉，通常操作人员能够很快地适应这种变化。然而，随着水深增加或水质污浊，水中的能见度大大降低，从而使得操作人员不能准确地完成所需要的操作，同时，还有可能因无法看清周围环境和工作状态而使自身受到伤害。

5) 运动阻力大

由于水的密度比空气大，因此操作人员在水下移动较为缓慢，进而操作工具的速度也有所降低。另外，由于水的黏滞性，操作工具所产生的作用力被减弱，使得操作人员需要付出更大的力量去完成操作任务，大大消耗了操作人员的体力。潜水设备的体积一般比较大，其运动惯性较大，严重影响了操作人员的水下作业效率，在一些狭小的水下作业区域，影响程度更加明显。

1.1.2 水下作业任务

海洋作业作为水下作业的主要内容，可以分为以下四类。

(1) 商业开发：开发矿物资源、天然气、海底石油以及开展娱乐活动和体育活动，其中包括收集海洋植物和动物、铺设海底通信电缆及石油管道等。

(2) 科考任务：包括海洋生态调查、海底地貌观测、海洋生物研究等活动。

(3)救援任务：通常是针对紧急情况展开救援，尤其是由于故障而使得载人潜水装备沉入深海，或者潜水艇发生某些故障，紧急营救艇员的任务。

(4)打捞任务：主要是打捞落入海中的贵重物件或设备，比如导弹、飞机、船只、炸弹以及含有毒性和放射性物质的搜寻、回收、打捞工作。另外，也包括泄漏管道的水下检查、维修和装配等任务。

1.1.3　常用的水下通用机械

水下通用机械主要是指在大多数海洋作业中需要使用的水下机械，它们极大地提高了机械手和操作人员的工作效率，主要进行清除水下障碍、修理管道设施、维护生产设备等工作。水下通用机械一般包括水下切割机械、水下紧固机械、水下挖掘机械、水下开孔机械、水下连接机械及潜水器等，可在水下完成切割、紧固、开孔、挖掘和连接等作业。

水下切割机械包括砂轮切割机、软缆割刀、钢缆切割器、水下金刚石绳锯机等设备；水下紧固机械主要包括套筒扳手、冲击扳手等工具；水下挖掘机械包括各种挖掘装置，如各种挖泥船、挖泥机和挖沟机等装置；水下连接机械包括水下对接装置和水下连接器等设备；潜水器包括无人遥控潜水器(Remotely Operated Vehicle,ROV)及自主式潜水器(Autonomous Underwater Vehicle,AUV)等装置，目前仿生潜水器因其独特的性能日益受到重视。

目前，我国在水下机械的研制与开发方面与发达国家相比还存在较大的差距，大部分水下机械整机或关键部件还需进口。常用的水下作业工具见表 1-1。

表 1-1　常用的水下作业工具

名称	主要性能指标及特点
水下电弧-氧切割机械	切速快，效率高，安全性好，故障率低；但适用性低，成本较高；工作水深小于 150 m
水下机械切割设备	可剪、锯、铣，成本低；但效率低，安全性一般，故障率较高；工作水深要求高
金刚石绳锯机	效率较高，安全性好，适用性广；但故障率较高，成本高；工作水深无要求
高压水切割设备	效率较高，安全性好，适用性广；但故障率较高，成本高；工作水深可达数千米
水下冲击扳手	效率较高，安全性好，适用性广，成本低；工作水深无要求
水下挖沟机	效率高，安全性好；对土质有一定要求，工作水深有要求
潜水器	效率高，功能多，适用性广，但成本高；工作水深可达数千米

1.1.4 水下通用机械的特点

不同的需求决定了开发研制不同功能的水下通用机械，水下通用机械通常需要具有完成任务所需的机构、部件或装置，以实现驱动、行走、转向或监控等功能。除了具有设计所要求的功能和性能外，水下通用机械还需具有如下特点。

1）防腐性要求高

防止水下通用机械被海水腐蚀，可以保证水下机械正常工作。为达到良好的防腐效果，可从防腐措施和材质选择两方面考虑。在防腐措施方面，水下通用机械的零部件表面可增加涂脂保护层、使用环氧树脂封装，镀铬以防止腐蚀。在材质选择方面，可选择具有防腐功能的材料，由于铝合金材料重量轻、性能优异，一般是优先考虑的材料；也可选择成本低廉的低合金钢或低碳钢进行防腐处理；还可选择材料防腐性能良好的奥氏体不锈钢。

2）防泄漏性要求高

水下通用机械的防泄漏性要求非常高，良好的防泄漏性能能够减少对环境的污染，保证作业系统的正常工作。水下设备的密封根据不同的使用环境采用不同的密封方法。

3）通用性要求高

水下通用机械的产品性能需达到潜水员水下作业的使用要求，以增加作业手段，增强作业能力。具有通用性的水下机械可用于不同水下工程作业，满足多种需要，极大地提高了作业效率与质量。

1.2 水下通用机械研发现状和发展趋势

1.2.1 我国水下通用机械研发现状

目前，水下通用机械的开发研制关键技术大多被欧美发达国家少数企业所垄断，我国在水下通用机械的设计制造方面取得了一些突破，尤其是在水下挖掘领域，已成功实现从整船进口到国内自主设计建造的转变。但是，在产品创新设计和智能制造方面与国外企业仍存在较大的差距，无法满足国内、国际海洋开发和利用的需求，突出表现在以下几方面。

（1）关键装备的自主设计能力不足。目前，我国自主设计的装备大多用于浅海施工，较少应用于大深度水下作业，如水下高压磨料射流切割机械等具有国际市场竞争力的深海水下通用机械还不能实现完全的自主设计。

（2）新型高端装备的设计制造仍属空白。在海水液压作业工具、多功能作业系统和深海挖沟机等新型海洋通用机械领域，我国缺乏设计和研制经验。

(3)基础共性技术整体薄弱。在水下通用机械产品的结构性能分析、水动力性能分析、制造技术等方面，相关研究起步较晚，还有大量的研究工作需要开展。

(4)重要设备国产化程度低。在水下通用机械领域，一些常规的设备已经实现了国产化，而一些对工作水深、载重、能耗等性能指标要求更高的设备大多依赖国外进口，国内企业仅仅从事一些非关键件的加工制造工作。

总之，我国在水下通用机械制造方面，能力有待提高，装置类型单一；在研发方面，研发能力有限，设计人才不足；在产品配套方面，核心设备大部分进口，深海装备仍处于探索阶段。我国应吸收国外先进设计技术和制造经验，尽快从制造低端向高技术、高附加值的水下通用机械模块设计和制造推进和转移。

1.2.2　水下通用机械发展趋势

1) 向深海发展

为了更好地开发和利用海洋资源，水下通用机械的作业范围将会从浅水区域进入深海区域，以使水下通用机械能在更复杂的环境中完成所要求的各项任务，6 000 m 水深技术已经被作为研究的首要目标，下一步将研究 12 000 m 水深技术。

2) 向远程发展

随着通信、导航、控制、感知、人工智能、体系结构、环境建模等技术的发展，航程在 500 n mile 以上的远程自主式潜水器是有可能研制成功的。

3) 向更大载重量发展

为了提高设备的工作效率，水下通用机械将逐渐向大型化方向发展，其承载能力、容纳空间等因素将会被重点关注，从而加快作业进度。

4) 向更先进设施发展

为了能减轻操作人员的劳动强度，水下通用机械将配置更多先进的自动化装置，同时多功能的水下通用机械将得到更广泛的应用，以辅助操作人员高效地完成各项任务。

5) 向更高安全性发展

为了确保操作人员的安全，水下通用机械在设计上将会更多地运用人机工程学理论，同时增加相关的安全监控设备，提高设备的可靠性，以保证操作人员健康、安全地进行水下作业。

6) 向绿色发展

为了维护海洋生态，水下通用机械将配置更多绿色能源，全电力驱动、海水液压驱动、液化天然气(LNG)驱动等新能源动力将会得到更加广泛的应用空间。

未来发展趋势将推动水下通用机械产品的技术更新，从而催生更多的设备需求。水下通用机械将会成为许多国家或公司未来的发展重点，水下通用机械产业将具有广阔的市场前景。

1.3 本课程主要教学内容

随着海洋开发的广度和深度，新型的水下机械也不断出现，根据实际应用的需要和本教材的定位，本书重点介绍水下机械中适用于不同领域的常用机械，重点讨论水下切割机械、水下开孔机械、水下紧固机械、水下挖掘机械、水下连接机械以及潜水器。

1.3.1 水下切割机械

本部分主要包括三个方面的内容，即水下流体切割机械、水下固体切割机械及水下混合切割机械。

第一部分主要讨论水下高压射流切割机械和水下等离子弧切割机械的工作原理和特点。第二部分主要介绍水下爆炸切割装置和水下刀具切割装置的特点及工作方式，另外还介绍金刚石绳锯机的结构和工作原理。第三部分主要讨论水下电弧-氧切割和高压磨料射流切割装置的工作原理和特点。

1.3.2 水下开孔机械

本部分主要介绍水下开孔机的种类和性能参数，并对其驱动机构、传动机构以及液压控制系统的结构和工作原理进行详细的讨论。

1.3.3 水下紧固机械

本部分首先介绍常用的水下手动紧固装置的类型和特点，然后介绍液压紧固装置的结构和工作原理。

1.3.4 水下挖掘机械

本部分内容主要包括挖泥船、挖泥机以及水下挖沟机等水下挖掘机械，重点讨论绞吸式、耙吸式、链斗式、抓斗式挖泥船的结构和工作原理，挖泥机耙头的工作原理和特点，水下液压抓斗的类型和水下挖沟机的结构和特点。

1.3.5　水下连接机械

本部分主要讨论水下连接器的种类、结构和性能参数，另外还将介绍水下对接装置的性能要求、结构和工作原理。

1.3.6　潜水器

本部分主要介绍潜水器的种类、应用领域和关键技术，重点讨论潜水器的工况、系统组成，还对仿生潜水器的类型、推进装置、传动机构和控制系统进行介绍。

思 考 题

1. 简述陆地作业环境与水下作业环境的不同之处。
2. 叙述水下作业任务的种类。
3. 简述水下通用机械的技术现状和发展趋势。

第 2 章　水下切割机械

水下切割机械主要应用于拆除废弃海洋桩基、海底油田平台和原子能设施以及解体沉船，维修海底电缆、石油管道或军事设施。根据切割介质的不同，本章将水下切割机械分为三种类型，即水下流体切割机械(包括液态切割机械、气态切割机械)、水下固体切割机械和水下混合切割机械等。

2.1　概述

随着水下设施的更新换代周期缩短以及水下清障工作的增加，水下切割技术越来越被重视。由于需要切割的材料多种多样，因此，水下切割技术以及相关的水下切割机械也是种类繁多。

2.1.1　水下切割技术类型

根据切割材料的受热情况不同，水下切割技术可分为水下热切割技术和水下冷切割技术，如图 2-1 所示。

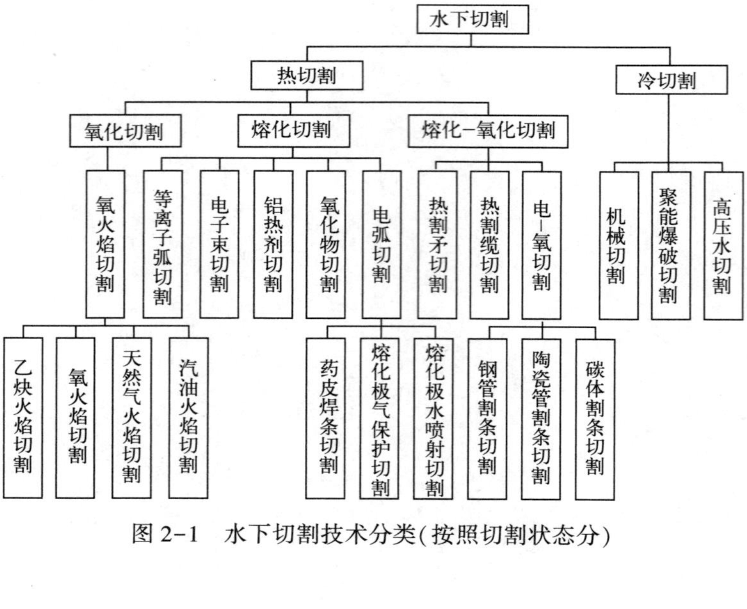

图 2-1　水下切割技术分类(按照切割状态分)

按照采用的切割介质不同，水下切割技术还可分为水下流体切割(包括液态切割、气态切割)、水下固体切割及水下混合切割等类型。

2.1.2 水下切割技术存在的问题

常用的水下切割技术包括机械切割、电弧-氧切割、熔化极电弧切割、激光切割、火焰切割、高压磨料射流切割、聚能爆破等，其特点见表 2-1。常用的水下切割工具主要包括金刚石绳锯机、绳索切刀、电缆切割器等。

表 2-1 常用的水下切割方法对比

类型	方法	特点
水下机械切割	采用铣刀砂轮片或车刀切割	较高的加工精度和切口质量，但是加工效率较低，通常用于切割硬度较低的材料
水下电弧-氧切割	利用空心割条和构件间的电弧热以及氧气与金属之间产生的热量进行切割	易于操作，但是需要频繁更换，极大地影响了切割效率和切口质量
水下熔化极电弧切割	利用熔化极与工件间电弧的热量熔化金属，同时水射流冲击加工表面	结构简单，效率较高，适用于可见度较高的深水作业
水下高压磨料射流切割	利用磨料射流中的磨料实现切割	操作简单，但成本较高，切割效率低，主要适用于切割金属、塑料和岩石等材料

从表 2-1 的对比分析可以看出，目前水下切割技术主要存在的问题有：①大多数水下切割工具的切割效率较低；②切割作业时对水下能见度要求较高；③水下切割中所配备的高压电等因素有潜在的安全隐患；④大多数水下切割工具需要人工操作，自动化程度较低；⑤大多数水下切割设备不能适应于大范围、大水深作业。尽管很多切割技术已经被开发并运用于水下切割，但是施工仍然很困难，切割过程中需考虑可靠性、经济性、操作性、安全性、环境保护等因素。

美国、英国、法国、日本等发达国家在水下切割技术方面有较强的实力，较早地开展了水下切割机械的研制工作，英国、美国、法国的一些公司和实验室已经成功开发出多种水下切割机械。

2.2 水下流体切割机械

水下流体切割机械是指在切割过程中，采用液态或气态切割介质对切割对象进行切割的装置或设备。

2.2.1 水下高压射流切割装置

高压射流切割技术是一项新兴的切割技术，可以广泛应用于各种环境，可以切割大多数材料，尤其适用于碳纤维材料、金属与非金属、塑性和脆性硬材料。高压射流切割技术可切割任意形状切缝，适用范围广，并且在切割过程中不会产生有毒气体和高温，主要应用于深水管道的混凝土配重层的清除、深海沉船打捞等。

1）水下高压射流切割技术的发展历程

国外研究人员从20世纪70年代开始进行磨料射流切割技术的理论和试验研究（表2-2、表2-3），已研发出各种水下切割清洗设备并得到应用，如图2-2所示。国内科研院所从20世纪90年代开始进行水射流水下应用的研究（表2-4），磨料射流的水下应用研究较少，相应的磨料切割设备研发成功较少。

表2-2　射流切割技术的发展阶段

时间	研究方向
20世纪50年代	研制高压设备及试验高压水
20世纪60年代	研究流体动力学和喷嘴结构
20世纪70—80年代	研究高压水射流技术及应用
20世纪90年代	水射流切割技术

表2-3　国外射流切割技术的研究状况

公司	研究方向	方法
FLOW	水下切割钢板	磨料射流
IP-AT	海底切割	超高压水射流
Proserv Offshore	海底管道涂层清洗	磨料射流
OilSrates MCS	沉船打捞	超高压磨料射流

表2-4　国内射流切割技术的发展

年代	研究方向	方法
1994年	纯水水射流动压力分布规律	石油钻井围压条件模拟
2000年	高围压空化水射流冲蚀性能	水下环境模拟，水深小于200 m
2002年	水下磨料射流的冲蚀性能	水下高围压磨料射流切割模拟，水深小于100 m

图 2-2　海底管道切割设备

2) 水下高压射流切割的类型

高压水射流根据流体的流动方式可分为连续射流和脉冲射流，如图 2-3 和图 2-4 所示，其中脉冲射流可分为超声波法、管系共振法、自激振荡法。根据切割介质可分为纯水射流、磨料射流、汽水射流、液态金属射流、液态空气射流、冰粒射流、磨料浆射流、准直管磨料射流等。

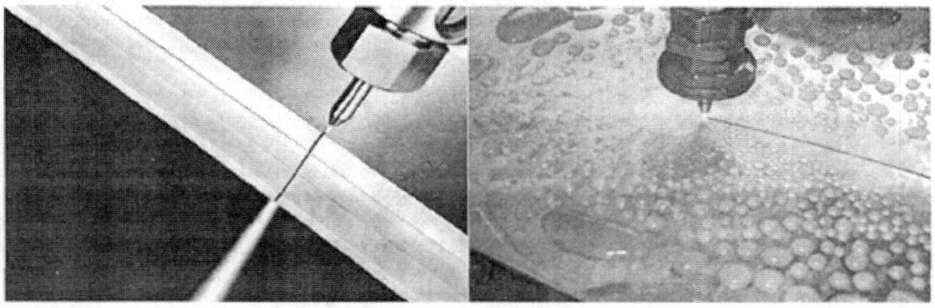

图 2-3　连续射流

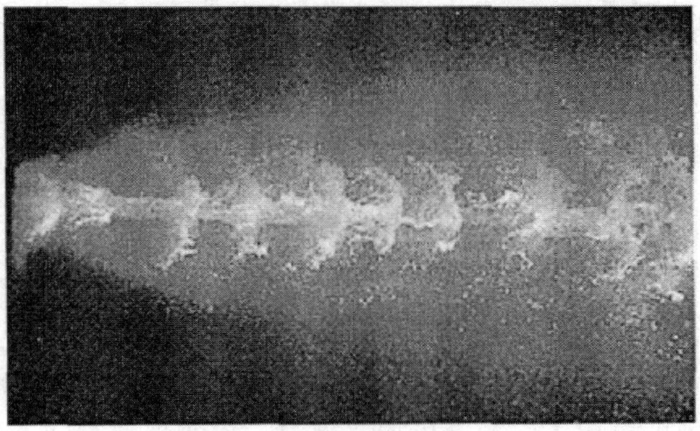

图 2-4　脉冲射流

3) 水下高压水射流切割的工作原理

水下高压水射流切割首先利用增压装置产生超高压水，然后使水通过特殊材料制成的喷嘴，将水压势能转化为射流动能，从而产生高压水射流，用以切割材料，如图 2-5 所示。

图 2-5　水下高压水射流切割示意图

高压水射流的不同作用距离可完成不同的任务，如图 2-6 所示。射流的初始段可以用来切割构件，中间的基本段可以实现水下管道的除锈和表面抛光，最后的射流消散段可以进行构件的降尘和除尘。

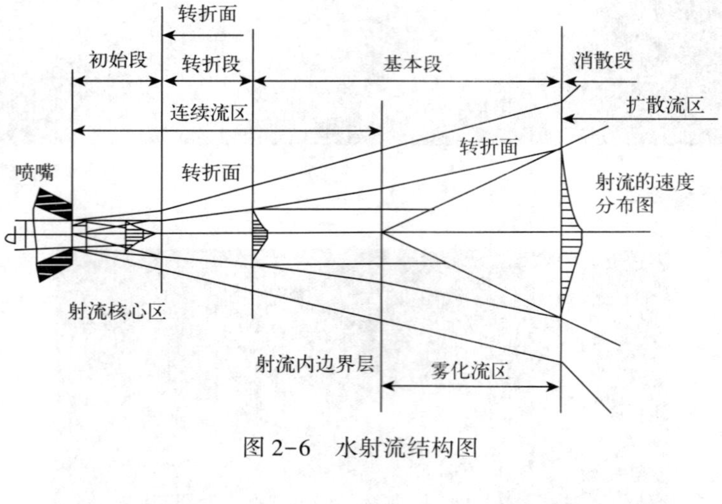

图 2-6　水射流结构图

4) 水下高压水射流切割装置的结构及工作原理

水下高压水射流切割装置主要完成管道的环向切割任务，其组成部分包括高压喷嘴系统、管道轴向行走机构和环向行走机构三部分，以实现切割装置的轴向行走和环向切割。

（1）高压喷嘴系统。高压喷嘴系统主要实现管道切割或去除混凝土的功能，由喷嘴夹具和喷嘴组成，喷嘴夹具用于固定喷嘴，同时进行轴向位移微调。

（2）管道轴向行走机构。管道轴向行走机构包括夹紧环、夹紧液压缸、后环板、推进液压缸和前环板。夹紧环和夹紧液压缸组成了夹紧机构，其安装在轴向行走机构的两端，如图 2-7 所示，同时，前环板和后环板分别与两端的夹紧机构相连接，其中推进液压缸底座固定在后环板上，推进液压缸推杆末端固定在前环板上。工作时，后环板相连接的夹紧环夹紧管道，同时前环板相连接的夹紧环松开管道，推进液压缸的推杆伸长，推动前环板轴向移动。当移动到设定位置时，前环板相连接的夹紧环夹紧管道，同时后环板相连接的夹紧环松开，推进液压缸推杆收缩，从而使得后环板轴向移动。前环板和后环板的交替移动即可实现切割装置的轴向行走。

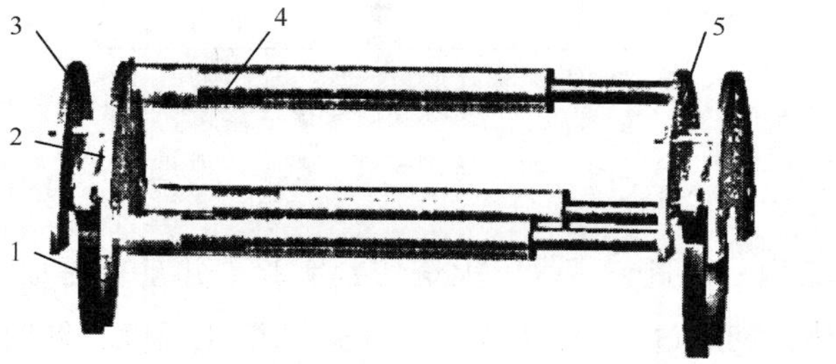

图 2-7　管道轴向行走机构结构

1—夹紧环；2—夹紧液压缸；3—后环板；4—推进液压缸；5—前环板

（3）环向行走机构。环向行走机构的主要功能是运载高压喷嘴完成环向的切割工作，通常由导轨和负载装置组成。

2.2.2　水下等离子弧切割装置

水下等离子弧切割技术主要应用于核设施中不锈钢和低碳钢的切割。工作时，待切割材料被高速高温的等离子气流加热和熔化，同时熔化的材料被高速气流或水流排开，当等离子气流束穿透待切割材料时即可形成切口。形成等离子弧的气体非常多，包括氢、氮、氧、氩、空气、水蒸气以及某些混合气体，采用水下等离子弧切割技术可以获得较高的切割质量和切割速度。水下等离子弧切割割炬的喷嘴由铜和陶瓷两种材料制成，水射流从两部分中间的小孔流出，既可集中电弧的能量密度，又可排除熔化的材料。其切割原理如图 2-8 所示。

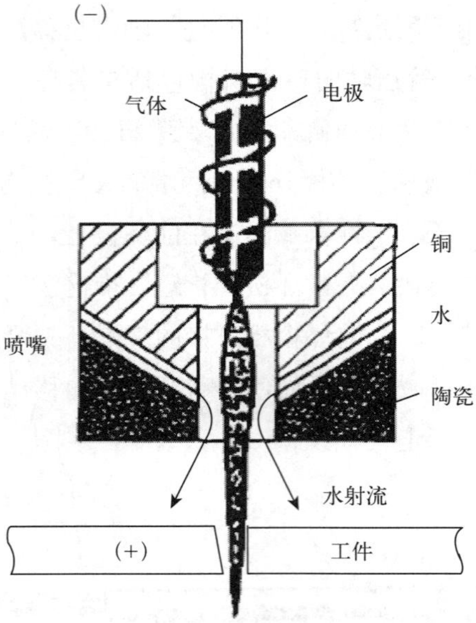

图 2-8　水下等离子弧切割工作原理图

另外，1908 年德国首次进行了水下火焰切割实验，并且获得成功。水下火焰切割时，待切割钢板需要加热，利用过氧-乙炔火焰使其达到熔化温度，同时向预热的金属喷射高速氧气射流，使得钢板发生氧化反应并放出热量，再利用氧气射流将氧化物和熔融金属吹掉形成切口。水下火焰切割所使用的可燃气体包括乙炔、丙烷和氢气。它们都具有较好的化学稳定性，可用于切割较浅水深(小于 8 m)或较深水深(大于 1 000 m)的 10~40 mm 厚的低碳钢和低合金钢，如使用有压缩空气幕的喷嘴进行切割，则切割厚度可达到 300 mm。图 2-9 所示的水下火焰切割技术为使用压缩空气幕的气体切割装置。

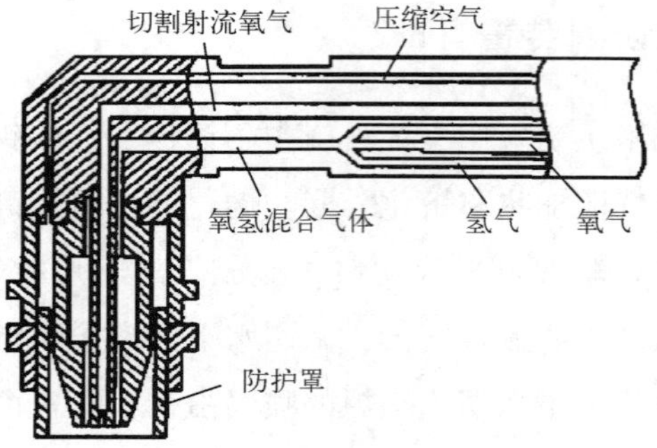

图 2-9　使用压缩空气幕的水下火焰切割装置

2.2.3　水下激光切割装置

激光切割技术可以用于切割多种材料和多种形状的构件，具有切割缝隙小、材料变形小、切割速度快等优点，已广泛应用于陆地切割作业，并且已扩展到水下作业中。

1)工作原理

进行水下激光切割时，将工件放入水中，并且工件表面距离水面有一定的距离，激光直接透过水层切割工件，如图 2-10 所示。Nd：YAG 固体激光器和 CO_2激光器是水下激光切割设备常用的激光器，现在可进行水下切割的材料有不锈钢、单晶硅和 Al_3O_2陶瓷。

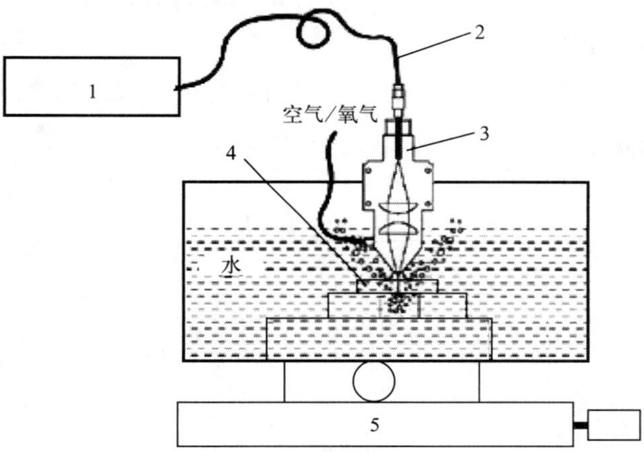

图 2-10　水下激光切割装置示意图

1—Nd：YAG 激光器；2—光纤；3—切割喷嘴；4—工件；5—X-Y 工作台

2)切割质量的影响因素

水下激光切割工件时，切割质量可以从切缝宽度、切边光洁度和切割侧壁质量等方面进行评价，影响切割质量的因素主要包括激光波长、水层深度、水流速度、焦点漂移距离等，另外，光斑直径、激光功率、重复频率、切割速度和材料性质也会对切割质量产生影响。

(1)激光波长。激光波长与到达加工工件表面的激光能量密切相关。当激光波长不同时，水所吸收的激光能量随之改变，从而到达加工工件表面的激光能量也会不同，产生不同的加工效果。当波长在紫外线波长区域时，激光在水中的穿透能力最强，到达工件表面的激光能量最大。在实际应用中，波长为 532 nm 的 Nd：YAG 固体激光器通常作为水下激光切割的光源，500 W 功率的 1 064 nm 的 Nd：YAG 激光可在水下切割 5～8 mm 的厚钢板。

(2)水层深度。水层深度会影响到水所吸收的激光能量。水层深度越深，水吸收的激光能量就越多，从而到达加工工件表面的激光能量就越少。水层深度与水下激光能量之间的关系可以用下式表示：

$$I_x = I_0 \exp\left(\frac{-x}{\Delta}\right) \tag{2-1}$$

式中，I_x为水深 x 时的激光能量；I_0 为在水表面的激光能量；x 为水深；Δ 为激光的吸收长度。

(3)水流速度。在水下激光切割中，水流具有降温、隔离和除屑的作用，水体流动可以增强冷却效果和冲刷效果，提高切割质量。水体的流动速度越快，其冷却作用和冲刷作用越强，所得到的切口质量就越好。

(4)焦点漂移距离。由于水的折射作用，当利用激光进行水下切割时，焦点位置会发生向下偏移，从而影响切割位置精度，如图 2-11 所示。

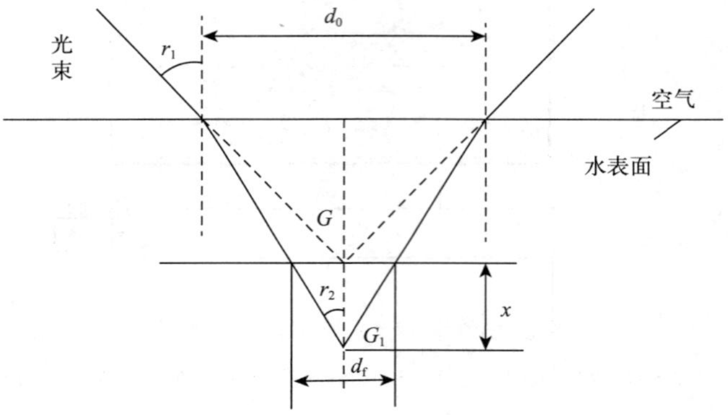

图 2-11　水下激光切割的焦点漂移示意图

图 2-11 中，d_f为激光束照射在水下时的光斑直径；G 为焦点原始位置；G_1为焦点漂移位置；漂移距离 x 的值可通过下式计算获得：

$$x = \frac{d_0}{2}(\mathrm{ctg}r_2 - \mathrm{ctg}r_1) \tag{2-2}$$

式中，d_0为激光束照射在水表面时的光斑直径；r_2为折射后的入射角；r_1为初始折射角。

2.3　水下固体切割机械

水下固体切割机械是指利用固体切割介质实现对象切割的装置和设备。

2.3.1　水下爆炸切割装置

水下爆炸切割装置是一种可用于各种混合和单个装置的切割工具，通常用于拆除钢架桥梁和钻井平台、清除电缆和锚链、疏通航道和打捞沉船等场合。进行水下爆炸切割时，首先需要将炸药放置在水下待切割物体上，然后引爆炸药实现切割。这种切割方法存在局限性，不能应用于重型钢筋混凝土平台桩腿，需要根据实际情况事先计算炸药的药量和安放部位，爆炸产生的切割很不规则，还有可能损坏邻近部件和构件。因爆破对海中生物的影响较大，可能会破坏有经济价值的鱼类繁殖，因此需避免多次水下爆破。常用的水下爆炸切割方法有条状药包爆破切割法和聚能切割法。

条状药包爆破切割法主要应用于船体较大、泥沙较多、分割后的船体重量过重，浮吊难以吊起，潜水作业困难的场合。进行水下爆破时，需首先开挖基坑，以探摸沉船的位置及深度，然后设计爆破步骤，布设药包(图 2-12)，对水下物体进行起爆，最后清除残骸。

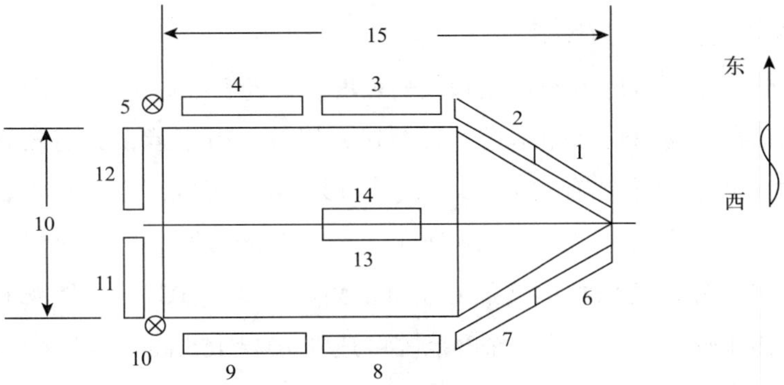

图 2-12　分段爆破示意图

图 2-12 中，爆破长 15 m、宽 10 m 的船体时，药包需先进行编号，按照编号进行水下布药，以便于水下切割和爆破。用于切割船底的药包通常水平放置，如 1 号至 4 号、6 号至 9 号、11 号和 12 号药包；用于切割帮板的药包通常垂直放置，如 5 号和 10 号药包；用于加强爆破的药包可以并列放置，如 13 号和 14 号药包。当药量一定时，药包爆破切割法的切割效果与药包和船体间的距离有关，药包与船体越近，爆破效果越好。

另外，还有一种聚能切割法，该方法利用聚能切割器进行切割，如图 2-13 所示。该装置是一种水下爆炸切割装置，主要用于打捞沉船、清除废井等，如井下穿孔、切割钢板。聚能切割器是一种线性装药切割装置，利用聚能装药原理制成，带有金属药型罩。当炸药爆炸后，药型罩破碎，金属粒子射流生成并沿着聚能槽的法线方向进行高速运动，碰撞到与运动方向垂直的表面，形成高速的连续薄片状射流，实现对待加工物体的切割。聚能切割法具有切割力强和切割速度快的特点。

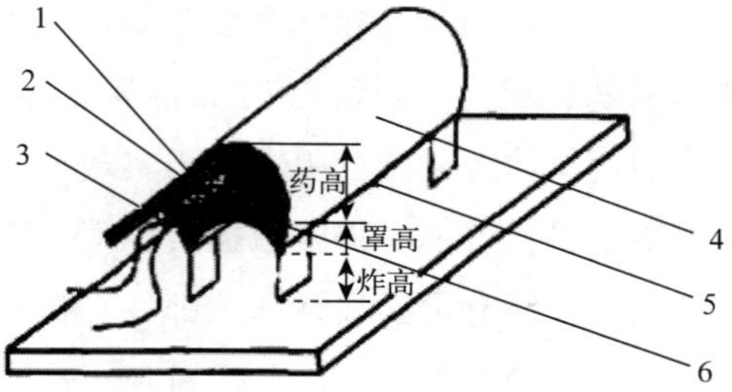

图 2-13　聚能切割器结构示意图

1—导焊索；2—雷管；3—药型罩；4—装药；5—外壳；6—起焊药包

在聚能切割过程中，有许多因素都会影响其切割能力，如切割器的形状、装药性能、药型罩的结构(材料、形状、壁厚、罩锥角)及炸高(炸药高度)等。

(1)切割器的形状：根据切割位置不同，切割器分为外切割器和内切割器。外切割器通常为锥形，内切割器通常为环形。

(2)装药性能：主要考虑装药直径和装药长度。装药直径越大，破甲深度越大。

(3)药型罩结构：材料可选用紫铜、锌、铅、铝等。由于紫铜具有较好的耐蚀性和压延性，破甲能力较好，其形状有楔形、球形、锥形、喇叭形等。由于楔形具有较好的稳定性和破甲能力，故使用较多，如图 2-14 所示。药型罩的壁厚是随着材料密度的减小、罩锥角、罩口径和外壳厚度的增加而增加的。罩锥角可为 0°~105°，当罩锥角为 30°~70°时，射流速度较高，破甲深度较大，破甲深度范围可达到 104~155 mm，切割深度可达到 10. 9~24. 8 mm。最大破甲深度对应的炸高称为有利炸高，其随着罩锥角、药型罩材料延展性的增加而增加，如图 2-14 和图 2-15 所示。

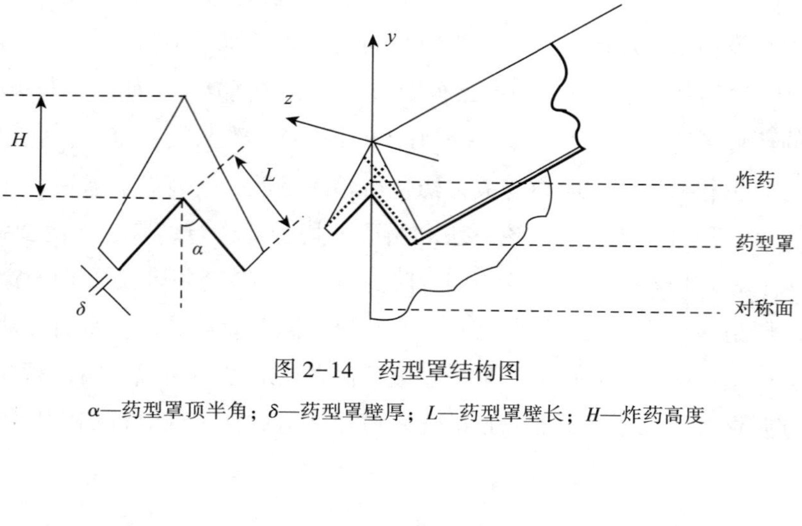

图 2-14　药型罩结构图

α—药型罩顶半角；δ—药型罩壁厚；L—药型罩壁长；H—炸药高度

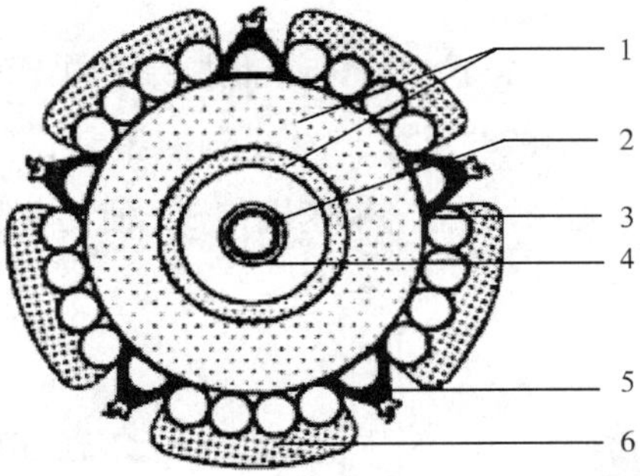

图 2-15　油井爆炸切割横截面示意图

1—管间填充水泥；2—内置外切割弹；3—油井外管；4—油井内管；5—成型穿孔弹；6—柔性切割器

2.3.2　水下刀具切割装置

水下刀具切割装置是利用铣刀、砂轮片或车刀对物体进行切割。这种切割方法与陆地上机械切割的原理是相似的，但是水下切割机械通常采用液压或者气动驱动。为了获得较高的割缝质量，水下切割机械进行切割时，切割速度较慢，同时，为了获得不同形状的割缝，可以选用不同形状的刀具。根据切割刀具放置位置的不同，水下切割机械可分为内割法和外割法两种。

1) 内割法

内割法主要用于切割导管架桩腿、套管，具有结构简单、易于制造、成本低、使用寿命长等优点，如图 2-16 所示。

切割过程包括：①安装割刀，必须先清除桩腿内的淤泥及杂物；②插入割刀，将割刀从水面上桩腿的上口放入桩腿；③环向切割，刀臂张开，固定割刀，转动刀片进行切割。

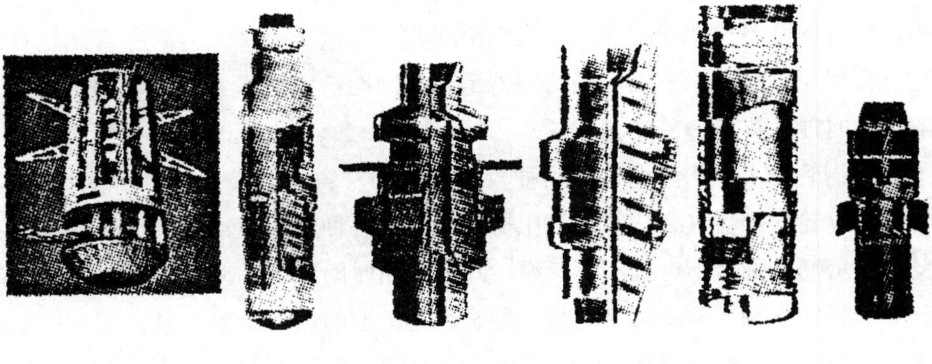

图 2-16　旋转内割刀

2）外割法

作为外割法的应用实例之一，水下电动切割器主要应用于液压切割工具不方便使用的场合，通常采用低压电源和非接触式开关，内部充油密封，其结构如图 2-17 所示。图 2-17 中，电机 7 旋转，经联轴器 6 和齿轮减速机构 3，使切割锯片 1 旋转，从而对物体进行切割。

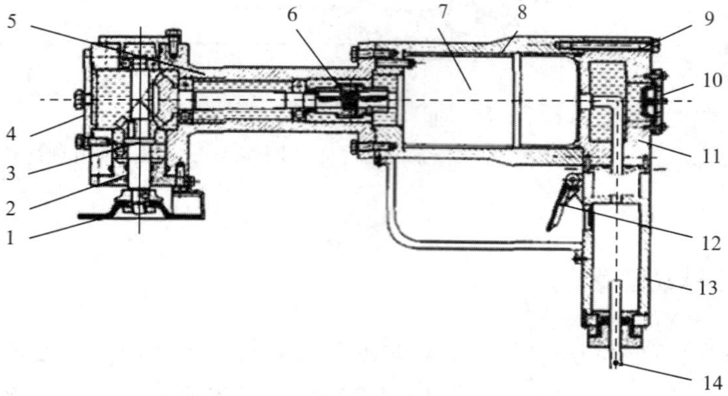

图 2-17　水下电动切割器结构示意图

1—切割锯片；2—动轴密封；3—齿轮减速机构；4—前端盖；5—前密封壳体；6—联轴器；7—电机；8—后密封壳体；9—螺栓；10—压力补偿器；11—后端盖；12—非接触开关；13—手柄；14—电缆接口

当水下电动切割器工作时，由于内腔为封闭式，各连接处采用 O 形密封圈密封，因此可利用充油保持腔内压力平衡。同时采用电磁式非接触开关，使得密封可靠和结构简化。

3）水下钢丝绳切割器

水下钢丝绳切割器是一种水下切割设备，主要用于海底切割钢管、钢棒和钢丝绳等。传统的钢丝绳切割机只能执行陆地上的切断操作，不能在水下进行操作使用。海底钢管由于受到水和混合物的侵蚀以及各种有害气体的腐蚀，需要进行维修和更换。不同种类的钢管具有不同的材料和厚度，单层管的外表面覆盖有一层钢筋混凝土，双层管则是在两层钢管中设计有保温层，由于水下钢丝绳切割器是利用韧性较好的绳索进行切割，因此，切割单层和双层管时能获得较好的切割质量。

除了海底钢管，水下钢丝绳也是一种较难切割的材料，通常采用水下钢丝绳切割器、液压剪切器和砂轮切割器进行切割。液压剪切器也是一种直线运动型水下切割工具，利用直线往复运动剪断各种水下电缆和钢丝绳。具有剪断时间短、效率高的特点，但不能用于尖端钢管和钢棒的切割。砂轮切割器是一种旋转运动型的水下切割工具，它不但能切断电缆和钢缆，还可以切割钢棒和钢管。此外，砂轮切割器除了切割金属，还可以切割非金属，如混凝土、橡胶、木材、塑料等。但是，由于切割钢丝绳时会出现“夹锯”的现象，同时，砂轮的表面不光滑，会与水产生较大的黏滞阻力，所以使用砂轮切割器切割水下钢丝绳时需操作迅速，同时应设计防“夹锯”装置。

(1)水下钢丝绳切割器结构。水下钢丝绳切割器通常用于无人遥控潜水器上，具有较高的切割效率。该装置由摆动臂、固定臂、切割刀、摆动进给油缸、夹钳和腕组成。摆动臂的右端安装在固定臂上，可相对固定臂转动，左端安装有切割刀，可旋转切割钢丝；摆动进给油缸安装在摆动臂和固定臂之间，可控制切割进给距离；夹钳安装在固定臂上，利用夹钳油缸控制钢丝的夹紧力；腕用于连接固定臂和安装基座，可绕安装基座的中心轴旋转，从而改变固定臂的方向，以切割水中不同方向的钢丝绳。水下钢丝绳切割器结构图如图 2-18 所示。

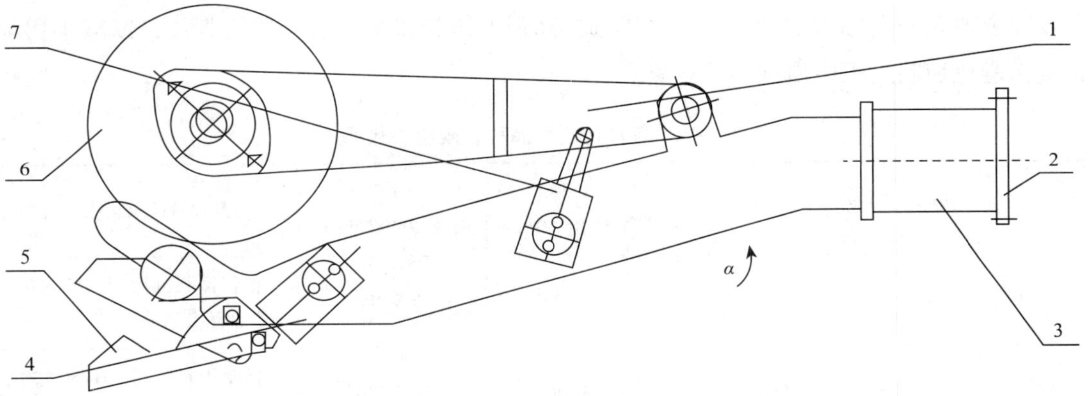

图 2-18　钢丝绳切割器

1—摆动臂；2—腕；3—固定臂；4—夹钳油缸；5—夹钳；6—切割片；7—摆动进给油缸

(2)水下钢丝绳切割器工作原理。水下钢丝绳切割器进行水下切割时，采用液压系统驱动，用螺钉将切割器通过安装板安装在潜水器底架上，借助腕的旋转，用夹钳紧紧夹住在水中水平或垂直布置的钢丝绳，当夹钳夹紧钢丝绳后，潜水器与钢丝绳成为一体，此时通过摆动进给油缸提供一个恒进给力，推动摆动臂缓慢转动柱塞马达靠近钢丝绳，调节阀控制夹钳油缸控制夹钳的开闭；调压阀控制摆动进给油缸，从而改变切割片的进给力与切割片的运动方向。

水下切割机广泛用于船舶、水底设施及其他水下工程作业，可在 5～10 m 深的淡水或海水中切割板厚 100 mm 以下的不锈钢等金属。

(3)水下钢丝绳切割器特点。为了减少切割片与水的黏滞阻力，增加其使用寿命，切割片是厚度 2 mm 的薄钢片，其外边缘嵌有细微金刚石磨料；腕具有一个自由度，腕另一端封有与潜水器安装用安装板；为保证进给力可调，摆动进给油缸的进给油路上设有调压阀。切割片在上、夹钳在下的布置方式可保证切割中散开的钢丝绳不会夹住切割片。为了减轻重量和耐海水腐蚀，摆动臂、安装板、下基板、上基板、夹钳选用铝合金材料。经过阳极氧化处理后，铝合金抗腐蚀能力较强可满足使用要求；由于柱塞马达效率较高，并能承受一定的径向力，液压马达选用定排量柱塞式液压马达。该结构的优点主要有：①采用切割片在上、夹钳在下的布局结构，以避免在切割过程中出现“夹锯”现象；②切割范围广，水下钢丝绳切割器可以在深海中切割各种电缆、钢缆以及钢棒和钢管，并且能够在功率有限的中小型无人遥控潜水器上使用；③采用的水下密封技术，重量轻，体积小，耐海水腐蚀，由于水的冷却作用，金刚石不会被碳化，所以切割片使用寿命较长；薄钢片表面与砂轮片的表面相比较光滑得多，因此薄钢片表面与水的黏滞阻力系数减少许多，此外考虑到薄钢片的刚性强，可长期使用，切割效率比较高。

（4）切割片的选用。现有切割片的规格和品种见表 2-5，为了在水下切割构件时，能高效安全地获得良好的切割质量，需要选择高强度树脂和特质磨料的切割片，以减小切削热量，避免切割过程中出现崩碎现象。

表 2-5 各种切割片品种、规格、代码

品名	230×1. 2×32	250×1. 5×32	350×2. 5×32 或者 350×2. 0×32	400×3. 0×32 或者 400×2. 5×32	切割片特征及适用材料
高硬克星	HCW230	HCW250	HCW350	HCW400	极其锋利且耐用，HV300－850 铁基金属
低软快刀	LCW230	LCW250	LCW350	LCW400	极耐用且锋利，HV80－300 铁基金属
有色杀手	NCW230	NCW250	NCW350	NCW400	特殊磨料，有色、非铁基金属

为了获得良好的切割质量，切割机刀具通常选用 2～3. 5 mm 的薄钢片，其外边缘嵌有细微的石磨料，可防止切削过程中的“夹锯”现象，同时不会像砂轮一样受潮后易粉碎。其中，铜基金刚砂切割片由薄钢片、铜基金刚砂小圆片组成，在薄钢片的边缘冲有小圆孔，铜基金刚砂小圆片镶嵌在小圆孔中，并通过超声波焊接和高温处理，两者牢固结合。铜基金刚砂小圆片是由铜粉和金刚砂组成的，按特定的配比混合压成薄片，然后冲成小圆片。

2. 3. 3 金刚石绳锯机

近年来，随着对油气田开采的经济性和环保性的重视，越来越多的已废弃平台相关构件和海底破损油气管道需要处理，金刚石绳锯机是解决此类问题的一个有效工具。

2.3.3.1　概述

金刚石绳锯机可以用于水下和陆地切割工作，而且对所切割的材料、形状和工作环境都没有特殊要求，因此，应用较为广泛。

金刚石绳锯机完成切割任务的关键部件是绳锯，初期所设计的绳锯如图 2-19 所示，其主体部分是钢丝绳，钢丝绳上安装有金刚石串珠、弹簧、垫圈以及固定环。绳锯由多个切割单位组成，每一个切割单位包括 5 个金刚石串珠，根据切割材料的不同，绳锯采用不同数量和不同直径的金刚石串珠。

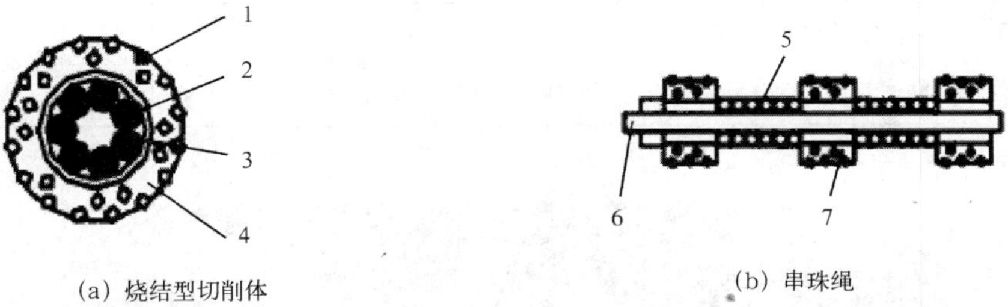

图 2-19　绳锯

1—金刚石；2—钢丝绳；3—钢芯；4—烧结剂；5—弹簧注塑套；6—钢丝；7—金刚石串珠

金刚石绳锯机可实现垂直和水平切割构件，如图 2-20 所示，在切割过程中，金刚石绳锯机需要通过张紧装置保持张紧力恒定，利用驱动系统使张紧的金刚石串珠绳循环运动，以达到切割构件的目的。

图 2-20　金刚石绳锯机工作示意图

金刚石绳锯机的研究起源于 19 世纪（表 2-6），早期开发的螺旋钢丝绳主要用于石材行业，随后开发的绳锯机将柔软的钢丝绳与坚硬锋利的金刚石相结合，具有结构简单、操作方便、加工精度较高的特点，广泛应用于建筑和机械行业。由于金刚石绳锯机可以加工多种材料，因此也应用于海底输油管道、海上钻井平台和沉船打捞的水下切割，如在打捞俄罗斯核潜艇“KURSK”号和英吉利海峡“TRICOLOR”号货船的过程中完成了切割分离的任务，如图 2-21 所示。

表 2-6　金刚石绳锯机的发展历程

年代	种类	应用	特点
1854 年	螺旋钢丝绳	大理石矿山开采	
1960 年	金刚石绳锯机	金刚石绳锯切割技术	
1968 年	金刚石串珠绳锯机	大理石开采和加工工艺	结合钢丝绳的柔软性与金刚石的坚硬锋利性
20 世纪 80 年代末	单绳金刚石绳锯机	钢管切割	
1990 年	数控串珠绳锯机	大理石切割	
20 世纪 90 年代中期	多绳金刚石绳锯机	大理石、花岗石板的加工	

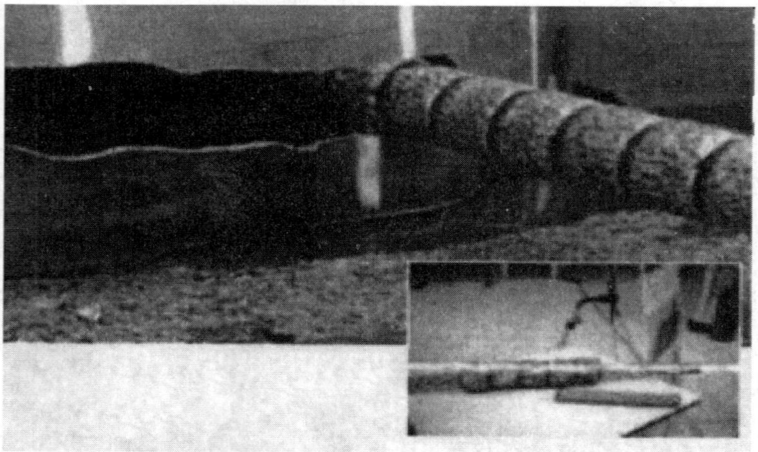

图 2-21　金刚石绳锯机切割“TRICOLOR”号货船

除了打捞沉船外，金刚石绳锯机还可用来拆除核电站、海底输油管线或海上钻井平台的废弃零部件，如图 2-22 所示的 Q4A64 型金刚石绳锯机和图 2-23 所示的 TL3A20 型金刚石绳锯机。

另外，金刚石绳锯机还可用于加工复杂的形状，如数控金刚石绳锯机利用串珠绳的柔韧性，借助绳锯机的数控系统和仿形系统切割异形石材，加工各种复杂形状的图案制品。图 2-24 所示是德国布朗公司生产的数控金刚石绳锯机。

常用的数控金刚石绳锯机是一种三维数控金刚石绳锯机，根据编制的加工程序，在系统控制下，通过三轴联动，实现各种曲面石材制品的加工。目前，数控金刚石绳锯机仅用于陆地异形石材的切割，还没有用于水下切割。

图 2-22　Q4A64 型金刚石绳锯机

图 2-23　TL3A20 型金刚石绳锯机

图 2-24　德国布朗公司生产的数控金刚石绳锯机

2.3.3.2　金刚石绳锯机的特点

与其他水下切割设备相比，金刚石绳锯机具有许多明显的特点。

(1)适应海底工作环境：对水深无要求，能够在浑浊水质环境下进行工作。

(2)可切割多种材料：可切割金属、非金属和复合材料的管道。

(3)成本低：安装方便，具有较高的切割作业自动化水平。

(4)效率高：具有较快的切割速度。

(5)环境污染小：切割过程中，清洁无污染。

(6)安全性好：切割作业介质温度低于45℃，对操作人员和环境的危害小，潜水员的劳动强度与危险系数小。

(7)可靠性较低：切割过程中，容易出现断绳、胎体与基体剥离、串珠胎体性能与切割对象不匹配、串珠固定效果差等诸多技术问题。

(8)操作复杂：需要配备专用夹具和索具。

2.3.3.3 金刚石绳锯机的分类

1)根据所使用的绳锯数量分

根据金刚石绳锯机所使用的绳锯数量，金刚石绳锯机可分为单绳式金刚石绳锯机和多绳式金刚石绳锯机两种。

(1)单绳式金刚石绳锯机。单绳式金刚石绳锯机是一种可移动的绳锯机，主要用于分割石材、开采矿山、拆除房屋等作业中。早期生产的单绳式金刚石绳锯机主要有 DIAFIL 180 型、DIAFIL 1000 型和 DIAFIL 2000 型，图 2-25 为意大利早期开发的开采石材的 MINI FIL ELECTRONIC 单绳式金刚石绳锯机。

图 2-25　MINI FIL ELECTRONIC 单绳式金刚石绳锯机

(2)多绳式金刚石绳锯机。多绳式金刚石绳锯机采用多根串珠绳切割大理石和花岗石等板材，它可以更换不同类型的金刚石串珠绳或者改变串珠绳的线速度进行各种切割加工，同时，通过调节金刚石绳锯机的间距切割不同厚度的板材。多绳式金刚石绳锯机有意大利 Bideseimpianti 开发的可安装 60 条金刚石串珠绳的 Gold 60 型金刚石绳锯机(图2-26)，Wires Engineering 公司开发的可安装 10 条金刚石串珠绳的 FALCON 600 型多绳式金刚石绳锯机(图 2-27)。

图 2-26　Gold 60 型多绳式金刚石绳锯机

图 2-27　FALCON 600 型多绳式金刚石绳锯机

2) 根据切割方向分

根据切割方向的不同，金刚石绳锯机还可分为水平切割和垂直切割两种形式。

(1) 水平切割的金刚石绳锯机。图 2-28 所示为水平切割的金刚石绳锯机，主要用于切割水下垂直放置的管道。

(2) 垂直切割的金刚石绳锯机。该类型的金刚石绳锯机由动力单元、金刚石绳锯机和支撑框架等部件组成，如图 2-29 所示，主要用于切割水平管道。

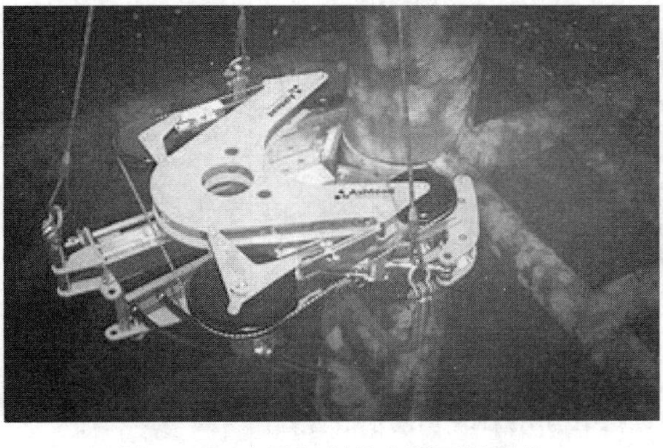

图 2-28　水平切割的金刚石绳锯机

图 2-29　垂直切割的金刚石绳锯机

2.3.3.4　金刚石绳锯机的组成及工作原理

1) 金刚石绳锯机的组成

金刚石绳锯机切割依靠柔性的金刚石串珠绳和锋利的金刚石颗粒完成水下各种形状和

材料管道的切割，因此，金刚石绳锯机主要由驱动装置、进给装置、张紧装置和夹紧装置等组成，如图 2-30、图 2-31 所示。

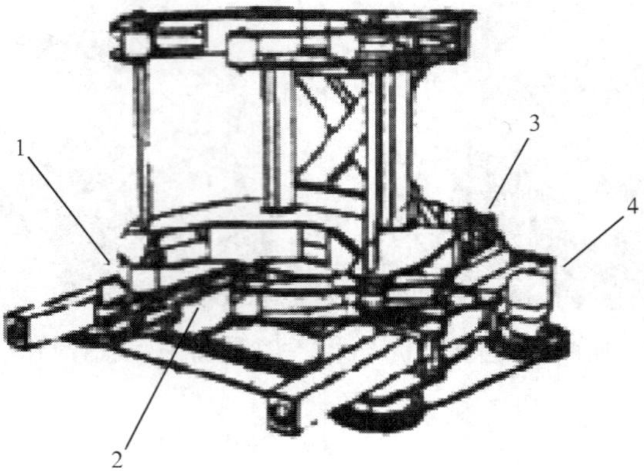

图 2-30　金刚石绳锯机结构示意图(切割垂直管道)

1—夹紧装置；2—张紧装置；3—进给装置；4—驱动装置

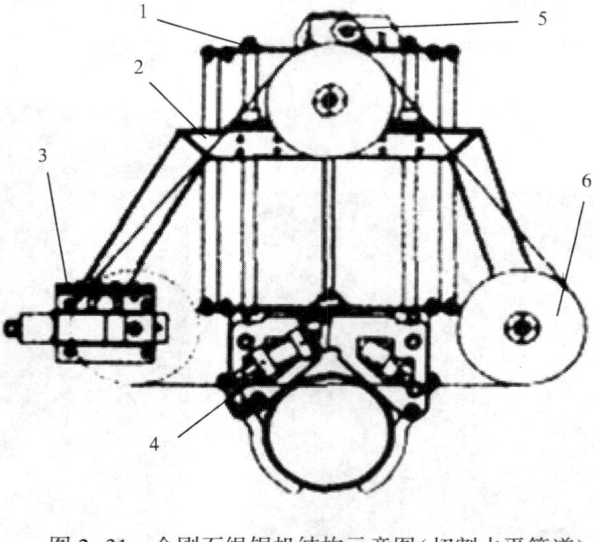

图 2-31　金刚石绳锯机结构示意图(切割水平管道)

1—导向装置；2—锯弓板框架；3—张紧装置；4—夹紧装置；5—进给装置；6—驱动装置

(1)夹紧装置。夹紧装置主要由夹紧瓣、液压缸、主板等部件组成，如图 2-32 所示，其中夹紧瓣的内圆面能够很好地与导管外壁相贴合，通过大面积的接触来实现对绳锯机的定位，其主板的上部分别与左右两夹紧瓣中的上部通过销轴活动连接，夹紧瓣的顶部通过销轴与液压缸的活塞杆相连接，液压缸能够绕销轴实现自由转动，并能与液压缸活塞杆的伸缩一起控制夹紧瓣的开合动作。夹紧瓣在液压缸的驱动下，能够绕与框架连接的销轴自由转动 30°~60°的范围，以实现水下金刚石绳锯机与管道之间的定位。在夹紧装置工作时，可以分为开合阶段和夹紧阶段，开合阶段又可分为放松过程和夹紧过程。当绳锯机夹紧装置实施夹紧动作时，液压缸自无杆腔输入压力油，促使活塞杆伸出，从而带动夹紧瓣绕销轴转动，以实现夹紧瓣的夹紧动作。当绳锯机的夹紧装置处于夹紧状态时，液压缸处于锁死状态，从而使夹紧瓣也保持不动，使其绳锯机夹紧装置一直处于夹紧状态，避免了机具本身在切割作业中产生的运动位移或冲击导致的水下金刚石绳锯机倾覆的情况出现。当绳锯机的夹紧装置实施放松动作时，液压缸自有杆腔输入压力油，促使活塞杆回缩，从而带动夹紧瓣绕销轴转动，以实现夹紧瓣的放松动作。

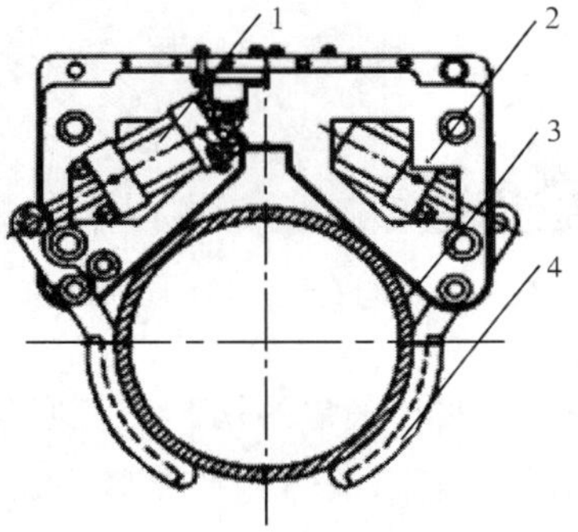

图 2-32　金刚石绳锯机的夹紧装置

1—夹紧缸；2—夹紧框；3—输油管道；4—夹紧瓣

(2)驱动装置。因液压马达具有质量轻、体积小、密封好和无级调速等优点，因此，金刚石绳锯机通常采用液压马达作为驱动装置。金刚石绳锯机的驱动装置如图2-33所示。

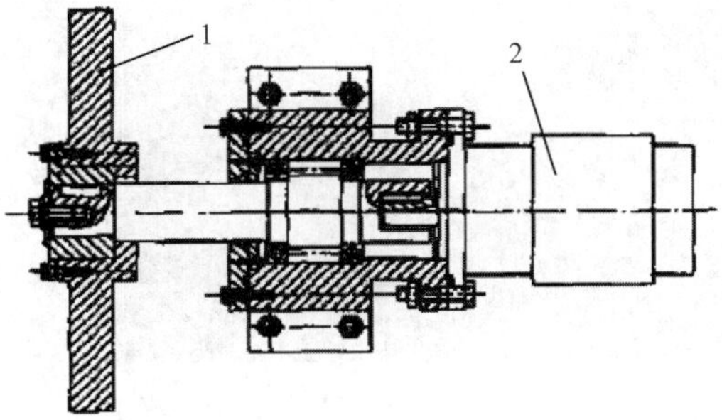

图 2-33　金刚石绳锯机的驱动装置

1—主动轮；2—液压马达

（3）进给装置。金刚石绳锯机的进给装置由进给液压马达/蜗杆蜗轮/螺母丝杠和绳锯机锯弓板框架等部件组成，液压马达驱动主轴旋转，带动蜗轮蜗杆机构转动，并将低速运动传递给螺母丝杠机构，与螺母相连的锯弓板随着螺母的上下移动而运动，从而实现串珠绳的径向切削运动。金刚石绳锯机的进给装置如图 2–34 所示。

图 2–34　金刚石绳锯机的进给装置

（4）张紧装置。金刚石绳锯机要实现正常的切割作业必须使金刚石串珠绳保持恒定的张紧力，张紧装置的主要任务就是保证串珠绳初始张紧力和加工过程中张紧力的稳定性。金刚石绳锯机的张紧装置主要由张紧螺母、张紧丝杠、张紧轮、螺母导轨和丝杠锁紧部件组成，如图 2–35 所示，通过转动张紧螺母，使得张紧丝杠旋转，从而带动张紧丝杠上的张紧轮左右移动，以调节张紧力。

图 2–35　金刚石绳锯机的张紧装置

（5）液压控制系统。水下金刚石绳锯机液压控制系统主要由水上液压源和水下液压控制油路系统组成。水上液压源为金刚石绳锯机提供动力，如图 2–36 所示。

图 2-36　水上液压源

(6)检测系统。为了在浑浊水质环境中，及时了解串珠绳张力、径向进给位移、驱动主轴转速等参数，水下金刚石绳锯机需要配备检测系统。如图 2-37 所示，检测系统主要由应变计、变送器和显示仪表组成。当检测串珠绳张力时，可先利用应变计检测出导向轴的微小应变，再通过变送器将应变计检测出来的微小形变转化为电信号，输送给显示仪表，即可实时显示串珠绳张紧力。

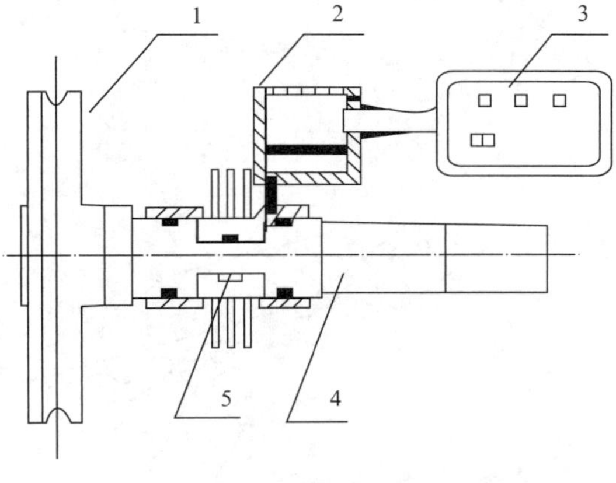

图 2-37　金刚石绳锯机的张力检测系统

1—导向轮；2—变送器；3—显示仪表；4—导向轴；5—应变计

当监测水下金刚石绳锯机的锯弓板框架进给位置状态时，可采用静磁栅直线位移传感器在线检测锯弓板框架进给位移，了解管道的切割位置。静磁栅直线位移传感器如图2-38所示。

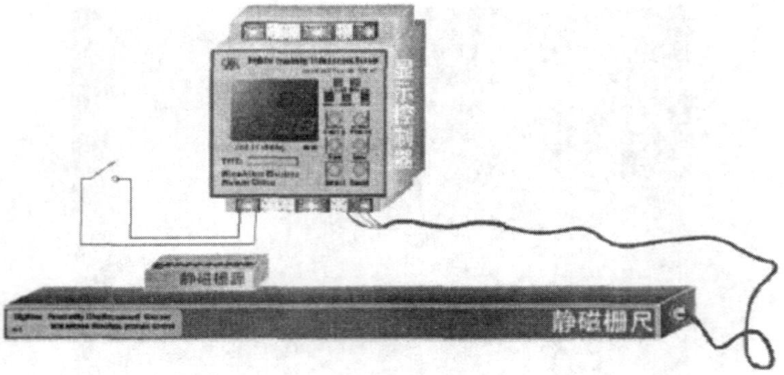

图 2-38　静磁栅直线位移传感器

(7) 附加装置。作为金刚石绳锯机的主要附加装置，锯切垫板的作用主要是避免金刚石绳锯机在切割垂直管道过程中，由于重力作用油管向下倾斜而夹住金刚石串珠绳使其工作效率降低，因此垫板是在进入油管切割轨迹里才能起作用的，如图 2-39 所示。根据金刚石绳锯机锯切垫板的工作环境和特点，要求在垫板进入切割轨迹过程中，保证串珠绳加工过程的稳定；保证金刚石绳锯机的垫板和支座之间的作用力在垫板与油管的最大摩擦范围内，确保垫板安全脱离。

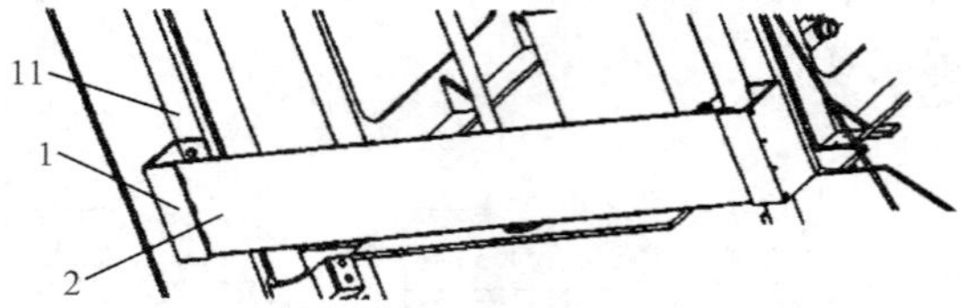

(a) 锯切垫板安装示意图

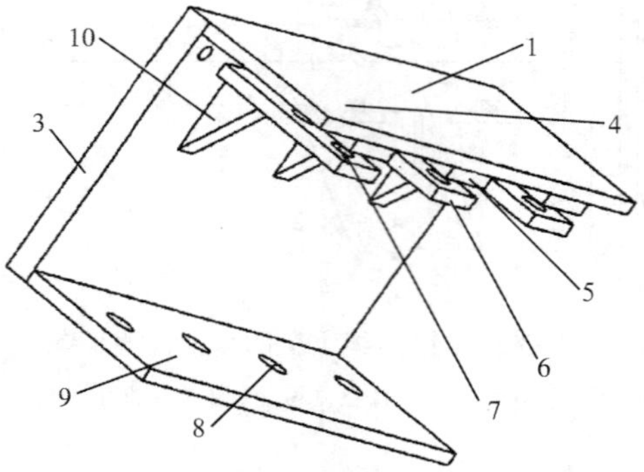

(b) 支座结构示意图

图 2-39　金刚石绳锯机的锯切垫板装置

1—支座；2—锯切垫板；3—侧板；4—上主板；5—上方板；6—下方板；7—抵顶螺钉；8—螺孔；9—下主板；10—加强筋；11—进给框架

金刚石绳锯机的锯切垫板装置主要包括支座 1 和锯切垫板 2，支座 1 上设有垫板夹持抵顶部和加强筋 10，加强筋 10 为板形体，该板形体可以起到增强支座强度和刚性的作用，避免支座的变形而影响垫板与串珠绳的位置，能够提高支撑和抵顶垫板的效果，还能够提高锯切垫板进入串珠绳切口的可靠性，增强锯切垫板作业时的稳定性。垫板 2 两端分别位于两个支座的垫板夹持抵顶部内，锯切垫板通过呈开口框形体的支座安装在绳锯机的由两个槽钢支撑的进给框架之间。

支座上的下主板 9 上设有多个用于穿入抵顶螺钉 7 的螺孔 8，螺孔 8 内穿入的抵顶螺钉可以抵顶在锯切垫板 2 上与螺孔位置相对应的浅槽内，因此可以增大其与锯切垫板 2 之间的摩擦力，使锯切垫板 2 在未进入切口之前，能稳定固定在支座由多个对应设置的上方板 5 和下方板 6 构成的夹持部内。

金刚石绳锯机锯切垫板装置在绳锯机不工作时是固定在绳锯机的进给框架上的，当绳锯机工作时，由于通过支座而固定在进给框架上的锯切垫板 2 的导向部与串珠绳位于同一水平面上，且位置相对固定，使串珠绳切割桩基到一定位置时，锯切垫板 2 能利用朝向切口一端面成型的楔形面顺利进入切口。

当锯切垫板 2 进入到串珠绳切口后，随着切口的不断加大，锯切垫板 2 与桩基的接触面积不断增加，所以与桩基的摩擦力也不断增加，当摩擦力大于抵顶螺钉对垫板的抵顶力时，垫板由夹持部中脱出而留在切口中，使平台下落时切口不会闭合，起到安全保障的作用，可确保绳锯机工作的顺利进行。图 2-40 所示为工作状态时的金刚石绳锯机锯切垫板装置结构示意图。

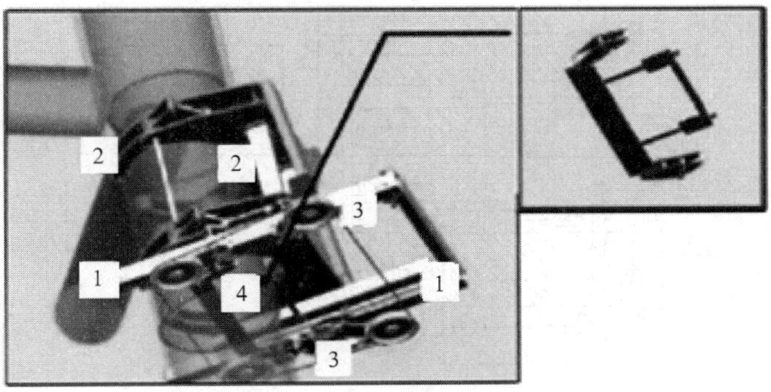

图 2-40　工作状态时的锯切垫板装置结构示意图

1—切割框架；2—夹紧框架；3—金刚石绳锯；4—锯切垫板

(8) 密封装置。因金刚石绳锯机在水下进行切割作业，因此，需要对进给装置和驱动装置进行良好的密封。进给装置中的密封腔由轴承座、端盖和 O 形圈组成，主要针对丝杠轴承进行密封，通过填充润滑脂，以防止绳锯机在工作过程中海水对轴承的腐蚀。丝杠轴承的密封结构形式如图 2-41 所示。

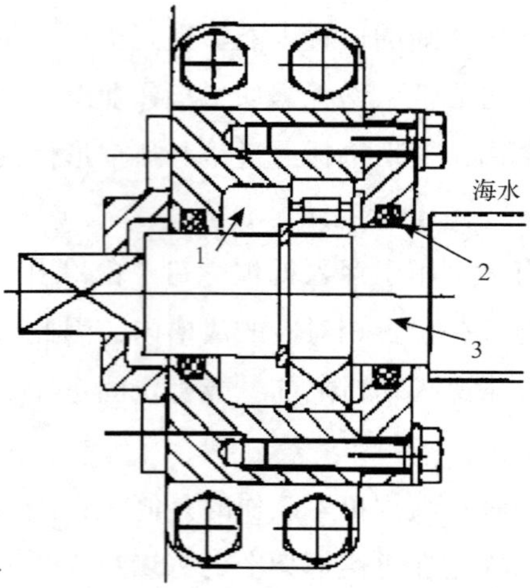

图 2-41　丝杠轴承的密封结构

1—润滑脂；2—O 形圈；3—丝杠

驱动装置中的驱动轴密封结构由轴承盖、密封附件和旋转泛塞组成，如图 2-42 所示。驱动轴的表面有一层极薄的流体膜，可以起到润滑和平衡压力的作用，从而使得驱动轴具有良好的密封性能。

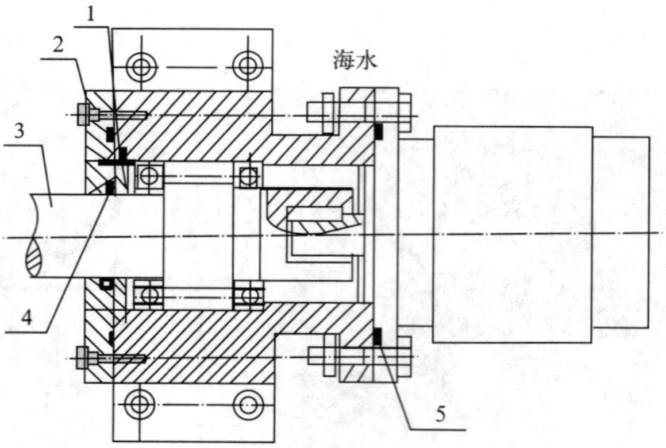

图 2-42　驱动装置的密封结构

1—密封附件；2—轴承盖；3—驱动轮轴；4—旋转泛塞；5—O 形圈

2) 金刚石绳锯机工作原理

金刚石绳锯机切割水下构件时，依靠张紧装置对串珠绳保持一定的张紧力，同时控制驱动装置与进给装置实现相应的运动。驱动装置中的液压马达带动主动轮旋转，实现串珠绳环绕被切割构件的循环转动，在切割框架的带动下，串珠绳同时沿着切割面实现径向进给运动，这两种运动共同完成切割构件的任务。金刚石绳锯机工作原理如图 2-43 所示。

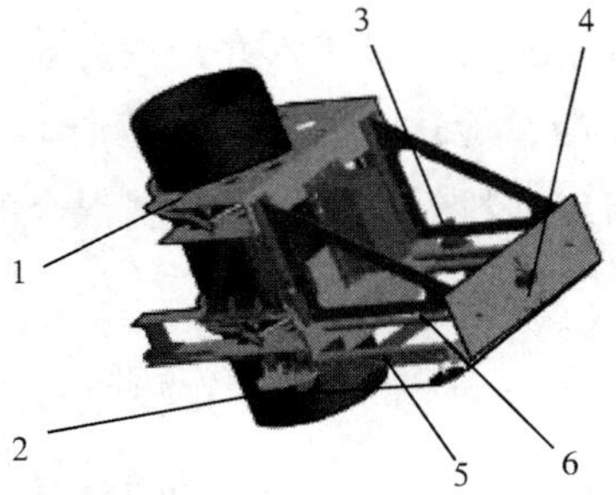

图 2-43　金刚石绳锯机工作原理示意图

1—夹紧装置；2—张紧装置；3—驱动装置；4—进给装置；5—切割框架；6—导向装置

2.4　水下混合切割机械

水下混合切割机械是指在切割过程中利用多种状态的切割介质对物体进行切割的机械。

2.4.1　水下电弧-氧切割装置

电弧-氧切割技术是利用空心电极和切割材料间所产生的电弧和通过空心电极吹向已加热工件的氧气，在两者的共同作用下，加热工件并氧化燃烧形成切口，如图 2-44 所示。这种切割方法获得的切缝质量不高，主要用于切割低碳钢和低合金高强钢。

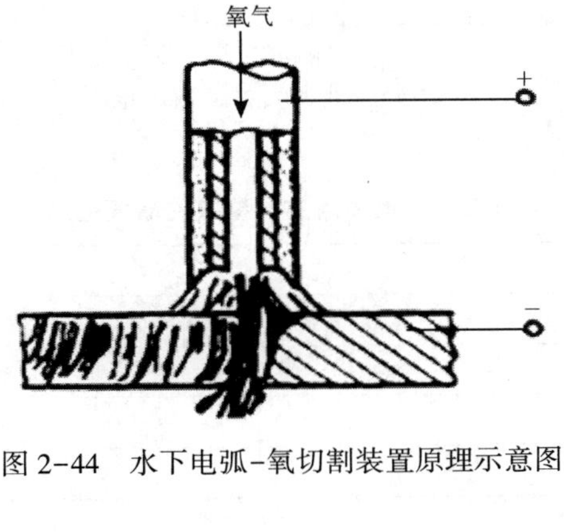

图 2-44　水下电弧-氧切割装置原理示意图

2.4.2 水下高压磨料射流切割装置

水下高压磨料射流切割技术是通过一个高压泵将去离子水压缩，获得较高的压力，同时利用另一个高压泵将磨料加压到同样的压力，混合后喷出，以实现切割工件的功能。

水下高压磨料射流切割装置主要用于海洋废弃平台拆除修补、救生及水下建筑中的钢管件和混凝土构件，切口精确干净，应用范围广，对海洋环境无污染。但喷嘴磨损较快，噪声大、磨料反弹，需回收和清理磨料。根据水和磨料混合的顺序可分为前混合磨料水射流和后混合磨料水射流。

1）水下高压磨料射流切割装置的组成及工作原理

水下高压磨料射流切割装置由高压泵、水射流和磨料补给系统、喷嘴、磨料注入系统等组成。

（1）高压泵：提供高压水，压力 172.3~310 MPa。

（2）水射流、磨料补给系统：提供高压水和磨料的一系列装置。

（3）水喷嘴和磨料喷嘴：其中磨料喷嘴是高压磨料射流切割装置的重要零件，其结构如图 2-45 所示。喷嘴主要用于混合水和磨料，喷射磨料流。采用宝石穿孔制成，喷嘴各主要参数取值范围见表 2-7。

根据射流形式和磨料引入位置的不同，磨料喷嘴可分为单束射流侧向供给磨料、多束交叉射流侧向供给磨料和环状水射流中心供料式等不同结构，其中单束射流侧向供给磨料喷嘴的结构因结构简单使用较多。

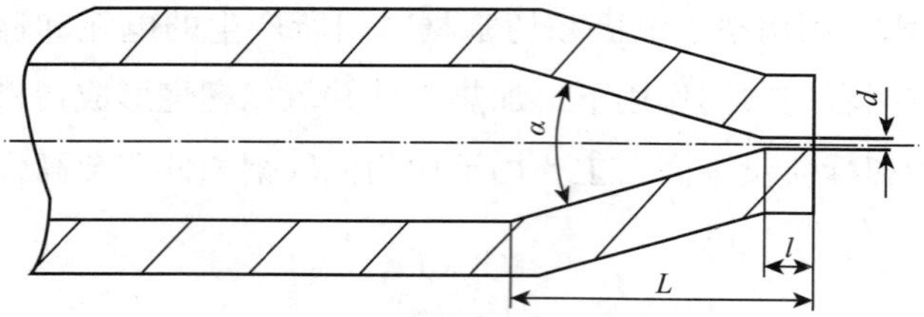

图 2-45　磨料喷嘴结构示意图

表 2-7　喷嘴各主要参数的取值范围

参数名称	取值范围
喷嘴长度 L	20~50 mm
收缩角 α	0°~60°
半径 d	0.3~1.2 mm
圆柱段长度 l	2.4~8 mm

(4)磨料注入系统：控制磨料流量。

(5)磨料回收器、控制阀、高压水笼等，研磨材料主要包括金刚砂和石榴石砂。

水下高压磨料射流切割装置工作时，如图 2-46 所示，高压水通过顶端通道进入喷头内，经过水喷嘴后形成高压水射流，磨料通过右侧的孔进入喷头内，二者在混合室内充分混合后，通过磨料喷嘴形成混有磨料的高压射流，喷射到工作对象上进行切割或去除的工作。

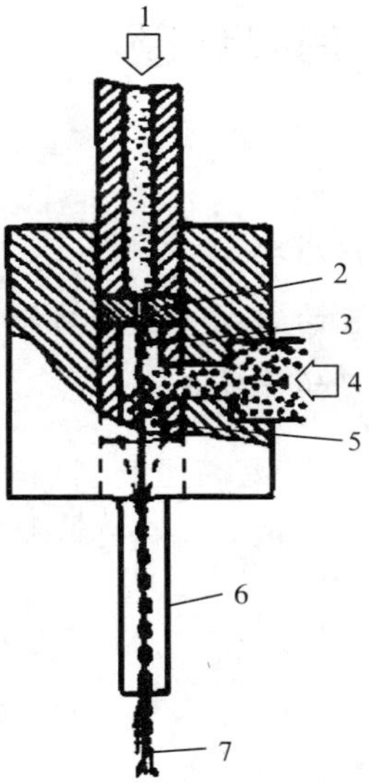

图 2-46　水下高压磨料射流切割结构图

1—高压水；2—水喷嘴；3—水射流；4—磨料；5—混合室；6—磨料喷嘴；7—混有磨料的射流

2)水下高压磨料射流切割质量影响因素

(1)水动力参数：喷水孔直径和操作压力会影响割缝的宽度和深度。

(2)磨料参数：包括磨料的密度、硬度、粒度、类型、圆度、流速、注料方式(强迫或自吸)、状态(干料或湿料)。磨料的硬度是指磨粒抵抗因冲击力而破碎的能力，通常大于被切割材料的硬度。磨料的粒度通常选择 0.4~0.8 mm 的中等粒度，有棱角的磨料切割性能更好，常用的磨料包括金刚砂和铝氧砂。

(3)混合系统参数：混合室直径和喷嘴材料会影响到水下高压磨料射流切割装置的使用寿命和效率。

(4)切割参数：包括移动速率、作用距离、切割角度。在一定的作用距离内，由于射流压力较大，水下切割深度和空气中切割深度差别不大，但是随着作用距离的增加，水下切割深度会比空气中切割深度明显下降。

(5)流体参数：与射流压力和喷嘴直径有关。射流压力越大，喷嘴直径越大，切割深度越大。射流压力为100~200 MPa，喷嘴直径为0.6~2.4 mm。

(6)工作参数：冲击角度和磨料的供给量。水下的冲击角度一般为垂直冲击，现有成熟设备通常采用垂直角度进行水下磨料切割。磨料的供给量与所需要的最大切割深度、喷嘴磨损以及成本有关。磨料浓度并不是越大越好，存在一个最佳浓度，即低于最佳浓度时，磨料浓度越大，切割深度越大。

思考题

1. 简述水下机械的类型及其主要功能。
2. 简述金刚石绳锯机的结构和工作原理。
3. 简述水下高压磨料射流切割装置的组成及主要功能。
4. 分析水下高压磨料射流切割装置的优缺点。

第3章　水下开孔机械

3.1　概述

开孔机械在道路交通、港口建设、工业生产等诸多领域之中具有广泛的应用，已经成为一种不可或缺的重要装备。

3.1.1　开孔机械发展历程

与其他机械的发展历程一样，开孔机也经历了一段比较漫长的发展过程，开孔机的发展取决于开孔方法、开孔工艺的发展和生产力的发展与科学技术的进步。

最早出现的开孔机是由人力推动来实现工作的，结构十分简单，开孔效率也比较低，使用范围十分有限。

随后，出现了冲击式开孔机，这类开孔机极大地减轻了操作人员的劳动强度，开孔效率较高，但是振动较大，在开孔过程中，泥浆也不能及时排出。

19世纪中期以后，出现了回转式开孔机。与之前的开孔机相比，回转式开孔机具有钻进效率高、振动小的优点，迅速占据了主导地位，得到了广泛的应用。

随着石油天然气运输管道从早期的口径小、压力低、输送距离短发展到现在的口径大、压力高、距离长的跨区域输送，开孔机的技术也随着油气运输管道事业的发展而不断地更新换代，从早期的小型人工水下开孔机发展到现在能进行大口径高压管道带压开孔的开孔机。

3.1.2　常用的开孔方式

在日常油气运送过程中，油气管道需要进行必要的、有计划的维修和改造，例如抢修、更换失效管段、加装装置、分输改造等作业，以确保生产的安全性，减少不可避免的经济损失。

1) 不带压开孔

不带压开孔是指当管线进行维修作业时，直接停止油气运输，将有问题的管道运到水面上进行开孔或相关检测维修。这种开孔方式操作方便，但效率较低，因停输而给经济造成极大损失，并且安全问题也得不到保障。

2) 带压开孔

带压开孔是指当管线进行维修作业时，开孔作业都在油气管道的运行中完成，即实施不停输作业。这种开孔方式效率较高，不会造成较大经济损失，但是操作难度较大，对开孔机的性能要求较高。

3.2 开孔机类型

根据使用环境不同，开孔机可分为陆地开孔机与水下开孔机。不同的使用环境，开孔机的密封要求和钻杆进给量读取方式是不一样的。

3.2.1 陆地开孔机

陆地开孔机一般称为陆地油气管道开孔机，主要用于陆地上不同管道直径的开孔，并且可以在介质不停输条件下完成带压开孔。

我国研发陆地开孔机已有几十年的历史，经过不懈的努力，在 20 世纪 80 年代中期，成功研制出了中小口径的油气管道开孔机，开孔口径超过 1 000 mm，设计开孔压力为 6.4 MPa，采用开孔机顶端的齿轮变速箱进行调速。在作业过程中，开孔机施工人员必须处于距离地面 6~7 m 的开孔机顶部操作台上实施操作，因此，这些开孔机操作不方便，而且具有一定的危险性。

目前，我国已经研制出了部分国际上认可的具有国际先进水平的陆地管道开孔机，适用于不同管道直径、带压或不带压情况下的开孔，为后续油气管道的维修和改造工程提供了良好的基础条件。如 KKJ 300 型不停输带压开孔机(图 3-1)、HT 300 型和 HT 500 型液压开孔机(图 3-2)。

图 3-1　KKJ 300 型开孔机

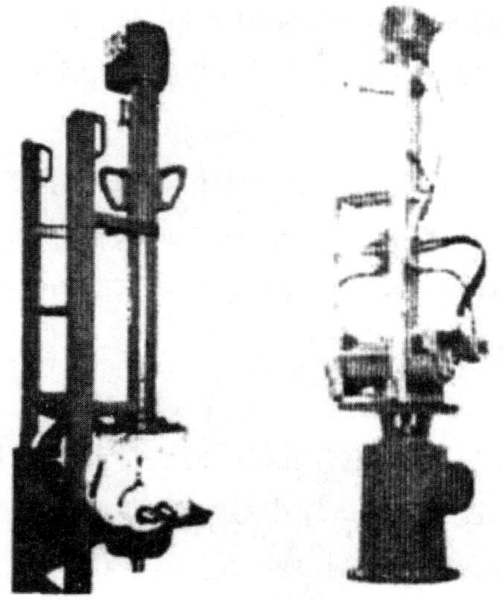

图 3-2　HT 300 型和 HT 500 型开孔机

1) 机电与手动相结合的开孔方法

蔡炳德、张喜勇等提出了一种开孔机的设计方案，这种开孔机开孔管径为 DN 200 至 DN 800，采用减速电机驱动钻杆和刀具转动，利用手动丝杠控制钻杆的进给运动，手动丝杠设置在开孔机的侧边，操作手轮设置在开孔机的顶端。

张瑞琳、戚绍军等提出了一种使用减速电机与手动操作相结合的开孔机开孔方案，减速电机位于开孔机顶端，可直接驱动主轴旋转，同时主轴与开孔刀具相连。侧置在开孔机下端的旋转手轮可实现刀具的进给运动，当旋转手轮转动时，驱动蜗杆蜗轮机构运动，通过蜗轮上的同轴齿轮与主轴套筒外壁的纵向齿条啮合，实现了主轴套筒的上下移动，从而带动主轴与刀具实现进给功能。

2) 马达驱动的开孔方法

张治伋等提出了一种液压开孔机的方案，一台液压马达布置于开孔机顶端，通过蜗轮蜗杆机构与链轮差速机构分别驱动同轴的丝杠与套筒，套筒通过内滑键驱动主轴实现主轴旋转进给。这种开孔机以一个马达通过不同机构的传动来分别驱动两种不同的运动，避免了通过手动来驱使一个运动，降低了劳动强度并减少了劳动力。

国外管道开孔机不仅应用于石油石化等行业的长输管道的维修与改造，还应用于城市供热、城市供水、城市排污管道、核电站及炼钢厂的冷却管道，炼油厂及石化厂等众多领域。

管道服务技术公司 TDW 1995 年使用自主研发的 STOPPLE 封堵系统在巴尔的摩市对

96″(2 438 mm)的污水排放管道进行了长达 52 天的封堵和旁通作业，作业期间始终由旁通管道维持污水的排放工作，实现了不停输带压维修作业。该公司还曾使用改进升级版的双 STOPPLE 封堵系统，完成对 42″(1 066 mm)的核电厂冷却水管道的封堵和旁通，从而保障冷却水在继续循环不停输的条件下，完成了对阀门的维修。另外，针对炼油厂、炼钢厂以及石化厂，该公司专门研发了适合在高温条件下作业的开孔机和封堵机、配套阀门和封堵接头、带角度的特殊切割刀具、“折叠式”封堵头等特殊产品，通过这些为适应特殊行业而设计的特殊工具在系统不停输的情况下完成了对管道系统中阀门的维修和更换。

3.2.2 水下开孔机

水下开孔机一般称为海底油气管道开孔机，海底管道是海上油气田开发、生产与油气外输的主要设施，管道运输也是油气运输中最主要的、最经济、可靠、快捷的方式。目前，在我国海域累计铺设的海底管道总长度已超过了 3 000 km。所以在海底管道的改造和维修上，水下开孔机的作用也越来越重要。

中国石油大学(北京) 与中国海洋石油工程股份有限公司在原国家科委“水下干式管道维修系统”研究课题和国家高技术研究发展计划(863 计划)“水下干式管道维修系统”项目资助下，研发了较多的水下管道开孔机。

喻开安等设计的水下开孔机能够实现自动进给和手动进给，并采用电子仪表盘记录进给量，驱动力采用液压驱动。赵兵杰等设计的“全自动海底油气管道开孔机”能够实现快进、工进、快退、停机等工作状态的全自动化控制，对我国海底管道开发设备的研究也有重大意义。

中国海洋石油工程股份有限公司的“水下干式管道维修系统”中的密封与封堵关键设备(海底油气输送管道开孔机)由国内进行自主设计并完成制造，一举打破了国外的垄断地位，使得我国拥有完整的自主海底油气输送管道维修和改造技术。KKJ 610 型开孔机即是该项目中我国自主研发制造的第一台水下开孔机。

大口径油气管线不停输带压封堵是当前世界管道运输行业共同面对的重大工程技术难题，国外水下开孔技术占据了国内大部分市场，在水下开孔方面的技术相对领先，垄断了维修服务相应的设备与技术，因此，管道维修服务费用极其昂贵。

海底油气管道维抢修市场上水下开孔设备和封堵设备的服务提供商主要有 FLOWSERVE 公司、T. D. Williamson 公司、IPSCO 公司(国际管道服务公司)和 FURMANITE 公司，这些公司在全球管道开孔和封堵领域一直处于垄断地位。它们所研制的海底管道水下开孔机，已经实现了产品模块化和系列化，覆盖了目前已投入运营的所有口径管道的开孔封堵设备的施工范围。

目前，能够实施大口径管道开孔的水下开孔机主要有 TDW 936 型水下开孔机、TDW 2400

型水下开孔机、FURMANITEIP 1524 型水下开孔机以及 T. D. Williamson 公司的水下开孔机。这些开孔机均为水下不停输带压开孔机，能够实现在管线不停止介质(一般为石油或天然气)输送并且内部带着压力的情况下在管道上实施开孔和封堵作业，开孔范围为 DN 720 mm 至DN 1 524 mm，最大开孔压力为 15 MPa。水下开孔机采用两台液压马达，分别提供进给动力和旋转切削动力，实现进给运动与切削速度的可独立调节性，互不影响、互不干涉。

3.2.3　其他开孔机

1) 按用途分类

按照开孔机的使用用途，可分为珍珠开孔机、胶袋开孔机、无纺布开孔机等(图 3-3)。

图 3-3　胶袋开孔机

2) 按工作原理分类

按照开孔机的工作原理，可分为激光式开孔机(图 3-4)、机械式开孔机(图 3-5)、液压式开孔机(图 3-6 和图 3-7)、气压式开孔机(图 3-8)和气动式开孔机(图 3-9)等。

图 3-4　激光式开孔机

图 3-5　机械式开孔机

图 3-6　液压式开孔机(一)

图 3-7　液压式开孔机(二)

图 3-8　气压式开孔机

图 3-9　气动式开孔机

3) 按孔数分类

按照开孔机的开孔数量，开孔机可分为单孔开孔机、2 孔开孔机、3 孔开孔机及 4 孔开孔机等。开孔机配件包括冲刀垫片、冲刀、开孔针、开孔垫、开孔器。另外，还有自动开孔机，如图 3-10 所示。

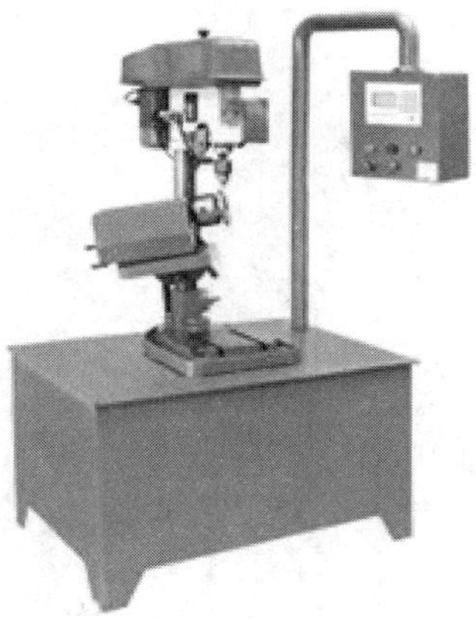

图 3-10　自动开孔机

3.3　水下开孔机类型及特点

水下开孔机主要适用于水下石油、石化输送管道、水下燃气输配管线管网和水下供水、供热管道等的开孔封堵施工作业。在能够保证管道正常运行的情况下，对水下管道进行接旁路、更换或加接阀门、更换管段等施工作业，避免因为停止施工作业而造成的经济损失和对社会及生活带来的不良影响，消除了传统带压作业带来的安全隐患。

3.3.1　国内典型的水下开孔机

水下开孔机是用于海底管道改造和维修中的重要设备，随着现代海洋油气事业和科学技术的迅速发展，海底输油输气管道的应用越来越多，所以海底管道的安全越来越受到人们的重视。如果海底管道发生损坏，造成的经济损失和环境污染将十分严重。不停输水下管道开孔机能够在输送油气介质不停输的情况下，对管道的损坏部位进行修理工作。中国海洋石油工程股份有限公司的“水下干式管道维修系统”项目中的密封与封堵关键设备系自行设计制造，这项设计填补了我国在这个领域的空白，打破了国外的垄断。其设计开发的海底管道开孔机有以下两种类型。

1) KKJ 610 型开孔机

KKJ 610 型开孔机是该项目开发的第一个开孔机，于 2006 年 10 月在渤海进行了试验，获得了成功。试验表明该开孔机的各项性能先进，进行作业时运转可靠、稳定，有着优良的现场工作性能。该开孔机已经运用在我国南海的 12-1 油田的双层管道修复、11-4 油田水深 42 m 处的两条海底管道的修复工程。KKJ 610 型开孔机配有安全离合器、油路互锁水下溢流阀和多出压力指示仪，能有效地避免失误操作和事故的发生，如图 3-11 所示，其性能参数见表 3-1。

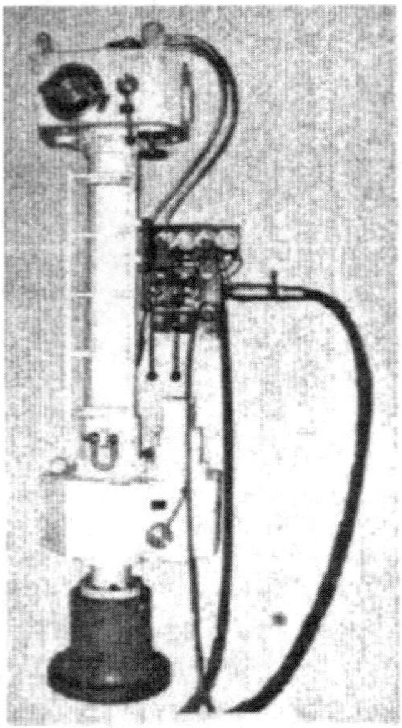

图 3-11　KKJ 610 型水下开孔机

表 3-1　KKJ 610 型开孔机主要技术性能参数

开孔管道的直径范围	300~600 mm
开孔机的高度	2 617 mm
主轴的行程	1 200 mm
主轴快进/快退速度	200 ~400 mm/min
主轴切削进给量	0. 1 mm/r
主轴转速	0~25 r/min 或 0~15 r/min
额定输出扭矩	3 515 N · m 或 6 015 N · m
不停输开孔管道内的工作介质温度	小于 80℃
液压站工作压力	20 MPa
不停输开孔管道内的最高压力	6. 0 MPa
开孔机外形尺寸	740 mm×540 mm×2 617 mm

此开孔机的主要技术特点：①开孔机采用传动箱下置并且与进给箱分隔的传动方式，降低了开孔机的重心，使开孔机在水下工作时更稳定；②传动箱的主动力源是液压马达，该液压马达带有行星减速器，主传动链更为简洁。同时，传动箱设置有高速与低速两个变

速挡，能够满足不同直径开孔刀具需要不同切削速度的要求，经扳动传动箱的外部变速手柄，能够使主轴实现高速与低速变换；③开孔机的主轴进给运动采用了丝杠与差速驱动螺母的组合方案，使主轴能够实现低速进给运动。开孔机的进给传动链中设有安全离合器，能防止开孔机因载荷过大而损坏；④开孔机由快进液压马达驱动，实现了主轴快进与快退，提高了开孔机在空行程的运行效率。与此同时，转动进给箱的右下方手轮，可以手动调节开孔机主轴的上下初始位置；⑤开孔机可以设定进给深度，并通过开孔机进给箱上的刻度盘，指示出开孔机的进给深度，当达到设定开孔深度时，开孔机自动停止主轴的进给运动，有效地解决了水下开孔作业因能见度差、进给深度造成的观察与控制问题；⑥开孔机配置有液压平衡油路，可以在高压下进行开孔工作；⑦开孔机采用全密封设计，可以在 60 m 深的水下进行开孔工作。

2) SHK-300 型开孔机

SHK-300 型开孔机是根据 KKJ 610 型进行优化和完善的水下干式管道维修系统。此开孔机功能相对完善，采用机械传动方式，利用液压马达和齿轮使开孔机快进、旋转和进给、快退和停机；通过安全离合器和油路互锁等技术，避免水下失误操作的发生，如图 3-12 所示。该开孔机的主要技术性能参数见表 3-2。

表 3-2　SHK-300 型开孔机主要技术性能参数

开孔管道的直径范围	3″~12″
开孔机的高度	1 862 mm
主轴的行程	1 000 mm
主轴切削进给量	0.1 mm/r
主轴快进/快退速度	75 mm/min
主轴转速	0~25 r/min
最大进给力	25 000 N
不停输开孔管道内的工作介质温度	小于 80℃
开孔机理论额定输出扭矩	大于等于 1 200 N·m
开孔机理论最大输出扭矩	大于等于 1 560 N·m
液压站工作压力	25 MPa
不停输开孔管道内的最高压力	6.0 MPa
开孔机外形尺寸	605 mm×450 mm×1 862 mm

该开孔机的主要技术特点：①能够实现陆地上和水下 60 m 左右水深的带压开孔功能，最大开孔直径为 300 mm，管内压力要求小于 6 MPa；②将液压和机械相结合，利用液压缸

控制离合器，使整个工作循环周期能够实现全自动控制，并且开孔机在开孔之后自动停止并快速退回，减少了人工操作，更加适合水下开孔作业；③用侧标尺替代上标尺，有效地减少了开孔机高度。采用丝杠螺母与差动机构指示进给深度；④运用简单差动机构替代其他大型开孔机的差动机构与蜗轮蜗杆机构，使得开孔机的传动箱具有更简单的结构和更小的体积；⑤制动器的添加避免了刀具在快进与快退的过程中跟随转动的现象；⑥运用了特殊的同步机构，使离合器不但能够传递较大的扭矩，还能顺利地脱开与结合。多道密封技术与特殊材料制成的轴承确保了正常的水下工作；⑦调整主轴的受力位置，让主轴受力状态更合理，传动箱更安全；⑧将快进与快退液压马达和主液压马达合并为一个液压马达，简化了系统结构，优化了系统高度。

图 3-12　SHK-300 型水下开孔机

3.3.2　水下开孔机的特点

水下开孔机与陆地开孔机的最大区别在于水下开孔机必须采用全密封的结构，能够在水深为 60 m 以下的环境中进行开孔作业，其具有以下特点：①水下开孔机的开孔直径与施工要求相关，目前水下开孔机的最大开孔直径为 610 mm；②液压开孔机采用先进的传动机构和动力装置，具有工作平稳、性能稳定、噪声小、绿色环保等优点，已广泛应用于海底管道维修开孔作业；③操作系统设计合理，减少操作人员的工作时间和降低操作人员的工作强度，具有安全可靠、工作效率高、操作舒适的特点。

3.4　水下开孔机组成与工作原理

管道运输物资最显著的特点就是运输的不间断性，为了保证管道运输的这种特性，在管道运输的过程中，对管道系统实施维修工作时必须保证输送的不停歇。水下开孔机是海底油气输送管道维修和改造的不可或缺的设备。

水下开孔机主要由密封箱、传动箱、进给箱、立柱、计数器、液压驱动机构、中心钻和钻杆总成等部分组成，图 3-13 所示为水下开孔机的结构示意图。水下开孔机采用液压驱动和机械传动相结合的方式，利用可以沿开孔机轴向伸缩的钻杆带动特殊开孔刀具进给、退刀，同时钻杆带动开孔刀具旋转切削。

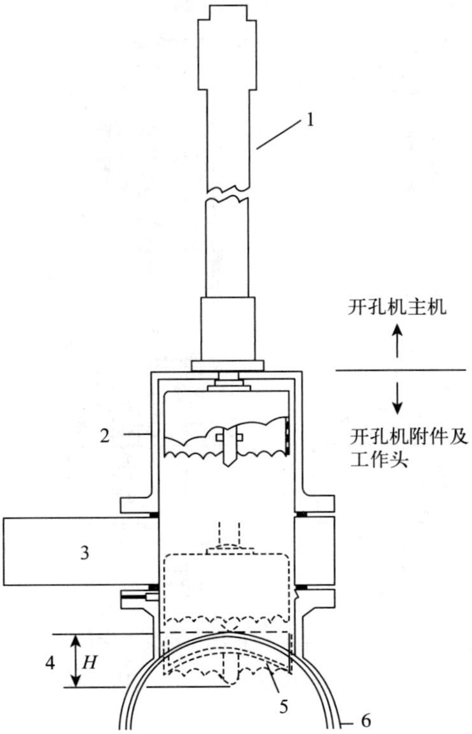

图 3-13　水下开孔机结构示意图

1—开孔机；2—开孔连箱；3—夹板阀；4—开孔距离；5—鞍形板；6—管道

当水下开孔机的液压系统作为驱动部分、机械系统作为传动部分时，液压马达是作为水下开孔机的主要动力源，它安装在传动箱上面，并且带有齿轮减速器。液压马达经过齿轮传动，带动主轴套筒做旋转运动，主轴套筒又通过滑键带动主轴旋转，主轴下方安装有开孔刀具，从而实现水下开孔机的切削旋转运动。当主轴带动刀具做旋转运动的同时，主轴还通过套筒将动力传递给进给箱。进给箱安装在立柱上端，进给箱中含有齿轮和离合器，通过主轴上端丝杠所产生的差速运动，进而推动主轴的进给，从而实现主轴的工进。离合器主要起到一种保护作用，当进给力达到所设置值时，离合器会自动打开，防止由于进给力太大而引起开孔机损坏。当主液压马达停止后，操作人员可以通过拨动安装在进给箱上的转换手柄，控制工作进给与快速进给的自由切换。另外，操作人员还可以通过打开进给箱中的离合器，使得快进液压马达直接带动丝杠转动，实现主轴的快进和快退。当离合器处于开启状态时，操作人员可以通过旋转安装在进给箱右下方的手轮，手动调整主轴的进给位置，如图 3-14 所示。

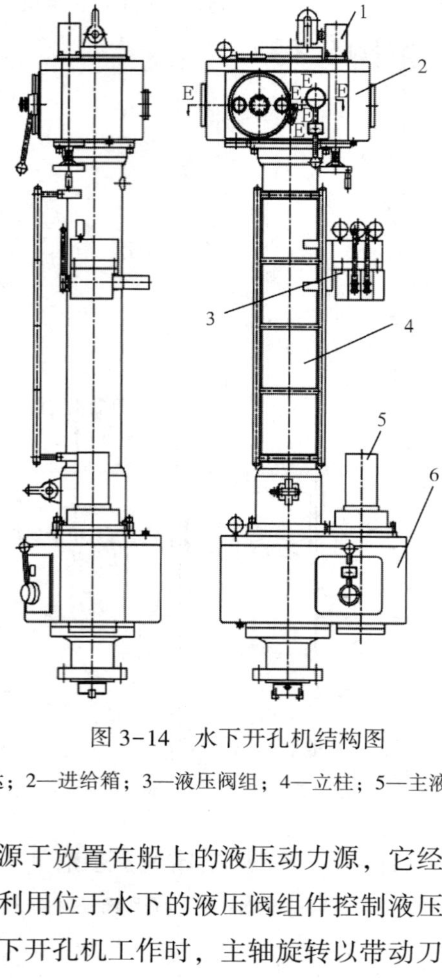

图 3-14　水下开孔机结构图

1—快进液压马达；2—进给箱；3—液压阀组；4—立柱；5—主液压马达；6—传动箱

水下开孔机的动力来源于放置在船上的液压动力源，它经由两条耐高压软管将液压动力传输至水下开孔机，再利用位于水下的液压阀组件控制液压马达的回转速度。刀具安装在开孔机的主轴上，当水下开孔机工作时，主轴旋转以带动刀具对管道进行切削，从而实现开孔功能。

3.4.1　驱动机构的组成与工作原理

水下开孔机的驱动机构主要采用液压驱动形式，常用的液压系统有并联型和串联型两种类型。

1) 并联型

(1) 液压系统原理及构成。液压系统方案如图 3-15 所示，水下开孔机的液压系统工作时，电机带动液压泵 1，液压油路分为两路输出，其中一路通过减压阀 3 进入进给液压缸 7 的上腔，进给缸下腔的液压油经过节流阀 10 而实现油路的节流调速，并且通过安装有行程开关的电磁换向阀 4 换向，完成切削运动的进给运动；另一路的液压油经顺序阀 5 进入液压马达 6，带动刀具 8 做旋转运动，从而实现切削的旋转运动。

由于系统的压力会变化，所以，需要采取措施保证整个液压系统安全有效地运行。安全阀 2 用来限制系统的工作压力，当工作压力达到预设最大值时，安全阀 2 就会发挥作用；为使进给支路有一个稳定的低压环境，该系统设置了减压稳压阀 3，如果液压马达空转，进给支路又需要一个最低工作进给压力，则顺序阀 5 即开始工作；压力油箱 9 主要用于调节油箱的压力，使得整个液压系统有条不紊地工作。

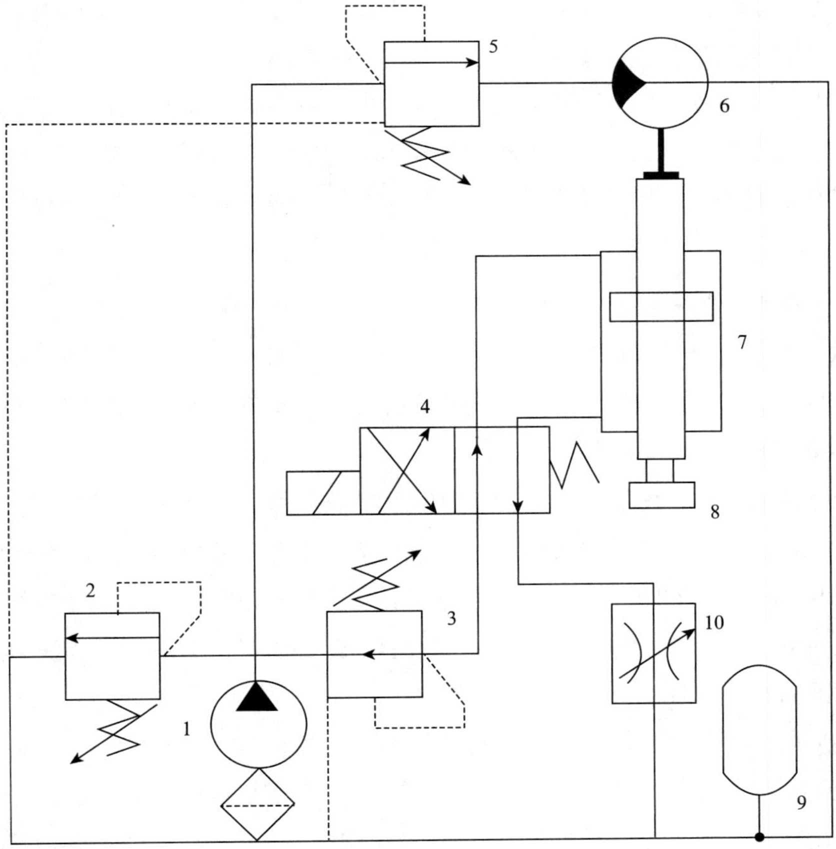

图 3-15　液压系统方案图

1—液压泵；2—安全阀；3—减压阀；4—电磁换向阀；5—顺序阀；6—液压马达；7—进给液压缸；8—刀具；9—压力油箱；10—节流阀

（2）液压系统特性。①故障现象。在实际工作中，在详细设置各个阀的工作压力和节流阀的开度后，在系统空载时，进给运动正常，但增加负载时，系统可能会出现刀具卡死现象，这种现象无论是发生在进刀过程还是切削过程，都会造成刀具的损坏。当刀具损坏时，液压系统压力会上升到压力的设定值，此时液压马达会停止工作，液压油在经过安全阀后流回到油箱内。②故障分析。由液压系统图 3–15 可以看出，此系统采用的是并联两个工作支路。其中一路是由液压马达带动钻杆旋转的主运动，此条支路的压力是变化的，压力的大小由钻削阻力决定；但控制进给运动的支路是一个恒压的回路，这条支路压力的大小是由减压阀 3 调定。由于两条回路所处的压力环境不一样，因此，如果需要整个液压系统保持正常的工作状态，必须使两条支路协调工作。

由于主回路的工作压力是由钻削刀具的直径和支路的进给压力两个条件决定的，并且主回路的工作压力也会反作用于支路的工作压力。比如，当刀具从空载进入切削的过程中，此时由于从空载到负载，所以主回路的工作压力将产生一个突然的变化，根据牛顿的惯性定律，负责调解压力的减压阀 3 并不一定能及时调节压力，以至于支路的工作压力也必然会有一个突然的变化，由于压力的变化会导致进给量有一个突然增大的过程，因此，主回路的工作压力也就会因此而突然变大，压力的突变则会导致刀具损坏或刀具卡死。此时液压系统不能继续正常工作，在安全阀的作用下液压油全部流回油箱。从上述分析过程来看，这种问题是由于液压系统本身的固有性质所引起的，无法仅通过调整设定来改变。

2）串联型

（1）液压系统原理及构成。在并联方案中，由于两个并联支路所处的工作压力环境不相同，导致这两条支路无法很好地配合工作，最终导致整个液压系统出现了故障。因此，为解决这种问题，必须对液压系统中的回路进行必要的改变，两个工作回路可采用串联连接，如图 3–16 所示。

在液压系统的串联方案中，电机带动液压泵 1，液压泵 1 将液压油路直接输送到液压马达 4，其中一路进入进给液压缸 5 的上腔，进给液压缸下腔的液压油经过节流阀 9 流回油箱 8，从而实现油路的节流调速，并且可以通过安装有行程开关的电磁换向阀 3 换向，完成切削运动的进给运动；而另一路的液压油直接通过液压马达 4，带动钻削刀具 6 做旋转运动，从而实现切削的旋转运动。

（2）液压系统分析。串联方案采用的是液压泵 1 直接供油给液压马达 4，与液压泵相连的阀 2 是安全阀，安全阀 2 起到限压作用。进给液压缸 5 所需要的液压油来自液压马达 4 的直接供给，液压马达 4 所排出的多余液压油经过溢流阀 7 进行溢流，最终回到油箱 8，从而保证回路中压力的稳定，进而保证进给力的稳定。切削时刀具所遇到的阻力决定了液压泵 1 的供油压力，对进给压力没有影响。同时因为有很多的液压油经过溢流阀 7 进行回油进入了油

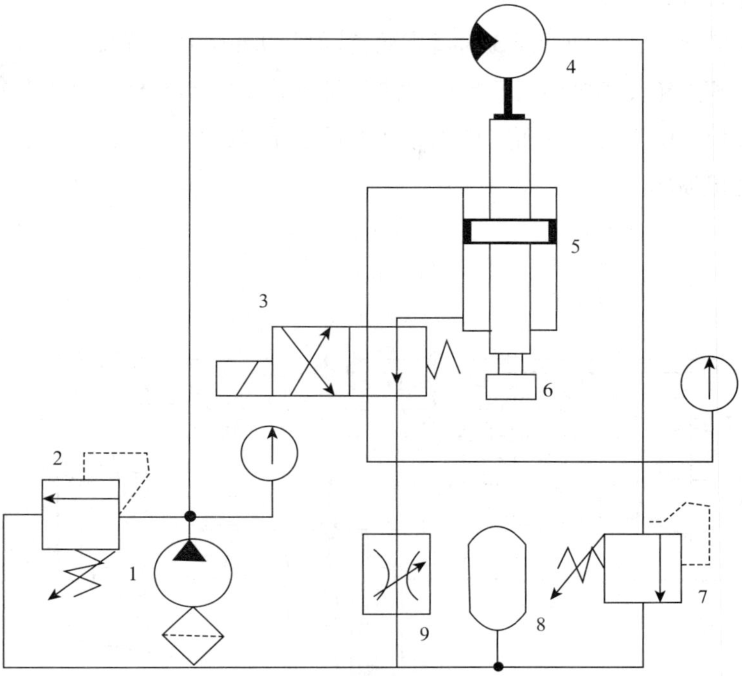

图 3-16　液压系统改进方案

1—液压泵；2—安全阀；3—电磁换向阀；4—液压马达；5—进给液压缸；6—钻削刀具；7—溢流阀；8—油箱；9—节流阀

箱 8，因此，进给时的工作压力一直能够保持恒定的状态，这种采用串联两条回路的方案有效地解决了并联方案中因液压系统本身特性而导致的液压系统无法正常工作的问题，消除了由于刀具卡死或刀具破损而导致整个液压系统无法正常工作的现象。

3.4.2　传动机构的组成与工作原理

目前，水下开孔机中使用的传动方式有机械传动和液压传动。水下开孔机以安装在传动箱上面的主液压马达作为动力源，通过行星齿轮减速器和一级齿轮带动主轴套筒转动，主轴套筒通过滑键驱动主轴及其下端的开孔刀转动，实现开孔切削的主旋转运动。

当水下开孔机采用液压驱动和机械传动的工作方式时，液压动力源放置在船上，利用两条高压软管将液压动力传输到水下，通过液压阀组控制液压马达的回转状态，为开孔机提供动力。水下开孔机工作时，开孔刀安装在水下开孔机主轴的下端，为了实现开孔刀对管道的旋转切削运动和进给运动，水下开孔机的机械传动系统提供了如下运动方式：①主轴回转运动。配置行星齿轮减速器的液压马达驱动蜗杆转动，蜗杆蜗轮机构驱动主轴旋转，主轴套筒通过键驱动主轴回转；②主轴的工作进给运动。水下开孔机的开孔动作由径向旋转和轴向进给两个运动合成，为保持机构精简且进给量与旋转速度成一定的比例关系，径向旋转和轴向进给采用同一动力源，如图 3-17 所示。

主轴 4 做旋转运动，主轴套筒 3 通过齿轮传动机构将动力传递给进给箱 8。在进给箱 8 中通过离合器 7 和齿轮传动机构使安装在主轴上端的螺母 10 与丝杠 5 间产生差速运动，推动主轴 4 在主轴套筒 3 中滑动，从而实现主轴 4 的低速工作进给。当进给力过大时，离合器 7 打开，防止开孔机损坏。

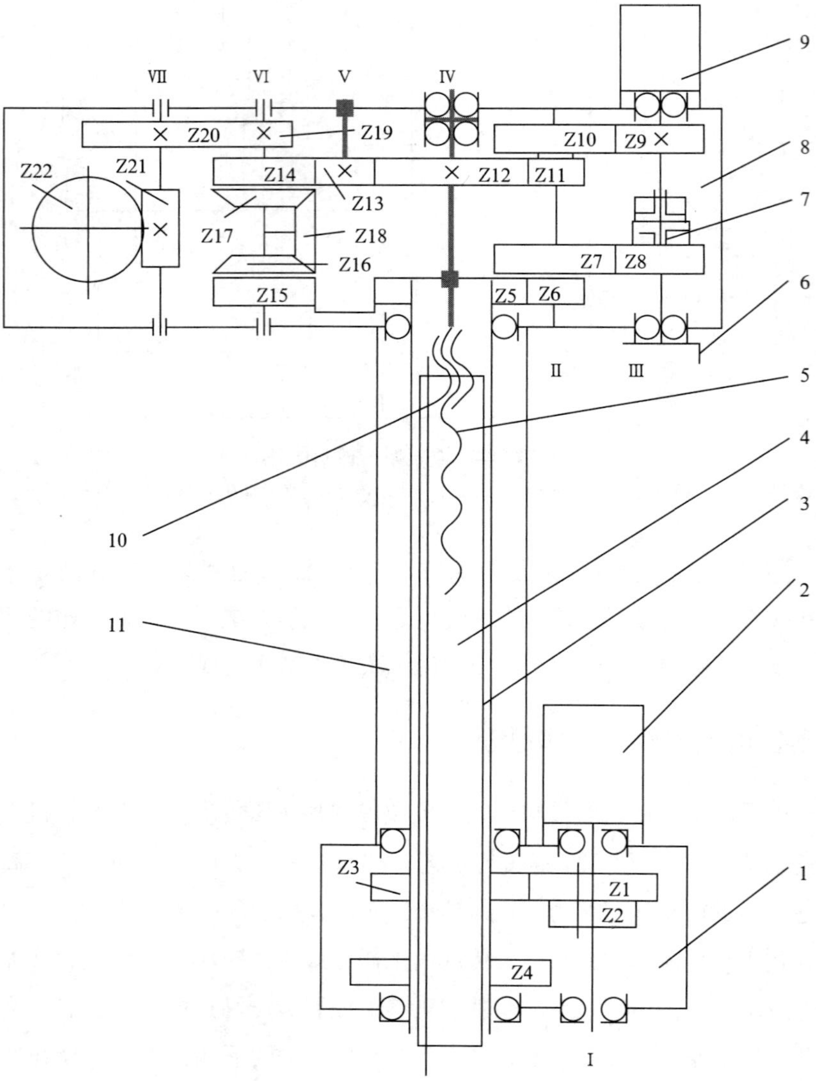

图 3-17　开孔机传动简图

1—传动箱；2—主液压马达；3—主轴套筒；4—主轴；5—丝杠；6—手轮；7—离合器；8—进给箱；9—快进液压马达；10—螺母；11—立柱

主液压马达 2 停止转动后，转动进给箱上工作进给与快速进给的转换手柄，打开离合器 7。通过进给箱 8 上端的快进液压马达 9 带动丝杠 5 直接转动，实现主轴 4 的快速前进和后退。此外，当打开离合器 7 时，可以转动进给箱右下方的手轮 6，手动调整主轴的进给位置。

1) 传动方案一

如图 3-18 所示，水下开孔机中主轴 15 的旋转与切割运动和主轴进给运动都是由相同动力源提供动力。主运动由马达 5 通过减速器 4 经过锥齿轮直接驱动，进给运动是经万向轴 14 和齿轮组 8 带动丝杠 7 转动，利用丝杠 7 和主轴 15 之间的差速实现驱动。10 是用于调节运动方式的手轮，丝杠 7 的上面安装用于行程计数的显示器 9，它通过丝杠 7 上的绝缘环传递转数信号，指示进给深度。

该传动方案具有结构简单的特点，但由于外置的万向轴 14，使得系统结构不够紧凑，密封与海水防腐要求较高，系统的使用性受到影响。

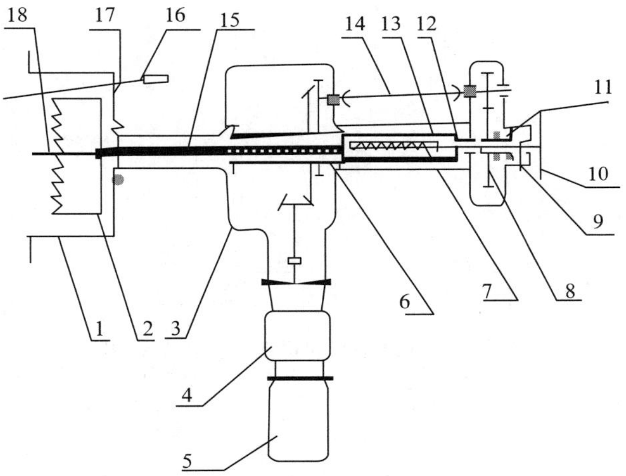

图 3-18　传动方案一原理图

1—连接盘；2—切削刀具；3—机壳；4—减速器；5—马达；6—套筒轴；7—丝杠；8—齿轮组；9—行程计数显示器；10—手轮；11—离合器；12—套筒；13—丝母；14—万向轴；15—主轴；16—卡刀处理装置；17—监视孔；18—钻头

2) 传动方案二

图 3-19 所示是 T. D. W 公司 860 型水下开孔机的传动方案，该方案将主传动液压马达上置，主传动箱和进给箱合并，主传动液压马达通过蜗轮蜗杆减速直接驱动主轴旋转，通过两对差速链轮和丝杠螺母传动实现主轴的低速进给运动，嵌入式离合器可通过手动使主轴快速上下移动，并通过上标尺法的方式实现进给深度的指示，即利用主轴上方连接的标尺杆指示主轴的进给位置。

此方案具有结构简单，重量较轻的优点，但是整机高度大，主轴上下快速移动要通过手动完成，操作人员劳动强度大。如 860 型水下开孔机增加上标尺以后，整机高度从 2. 2 m 增加到了 4 m。

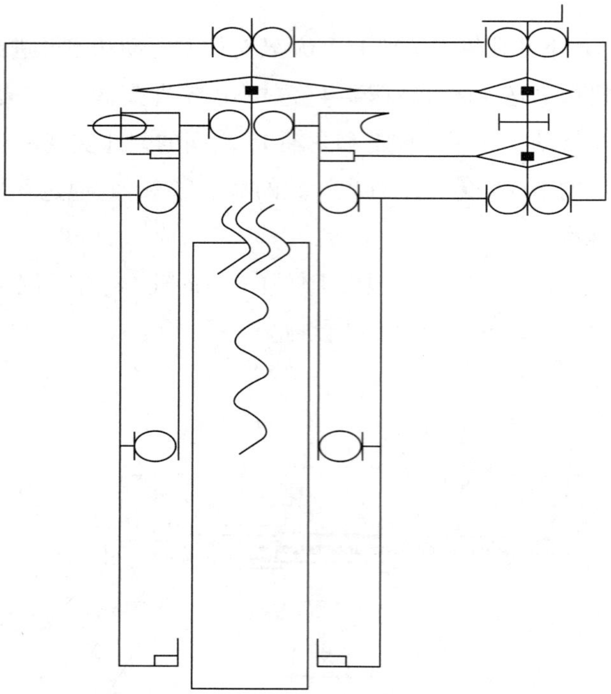

图 3-19　860 型开孔机传动方案示意图

3)传动方案三

如图 3-20 所示，该水下开孔机应用主传动箱和进给箱合一且上置，进给和快进快退运动分别由两个不同的液压马达控制，使得水下开孔机结构简单。利用侧标尺指示方法实现了主轴进给位置的显示，这一设计能够防止上标尺法所造成的开孔机在整体高度上偏大的问题，同时也能解决水下作业不方便的难题，另外，避免了在使用差速器指示时使机构相对复杂、重量大的情况。安全离合器可防止驱动动力过大，保证开孔机工作安全。但是该传动方案也会使得整机出现机身较长和重心高的问题。

对于传动箱下置和进给箱上置的水下开孔机，其工作原理如下：

(1)主轴回转运动。主液压马达 2 由高速级齿轮 Z1 与 Z3(或由低速级齿轮 Z2 与 Z4)带动主轴套筒 3 旋转，由滑键带动主轴 4 的转动(参见图 3-17)。主传动箱的上面有一个变速手柄，扭动手柄可控制主轴的低速或高速转动，如图 3-21 所示。

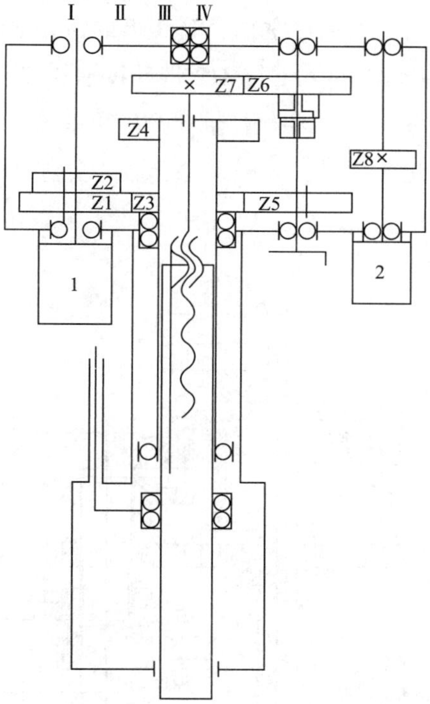

图 3-20　传动方案三原理图

1—液压马达 1；2—液压马达 2

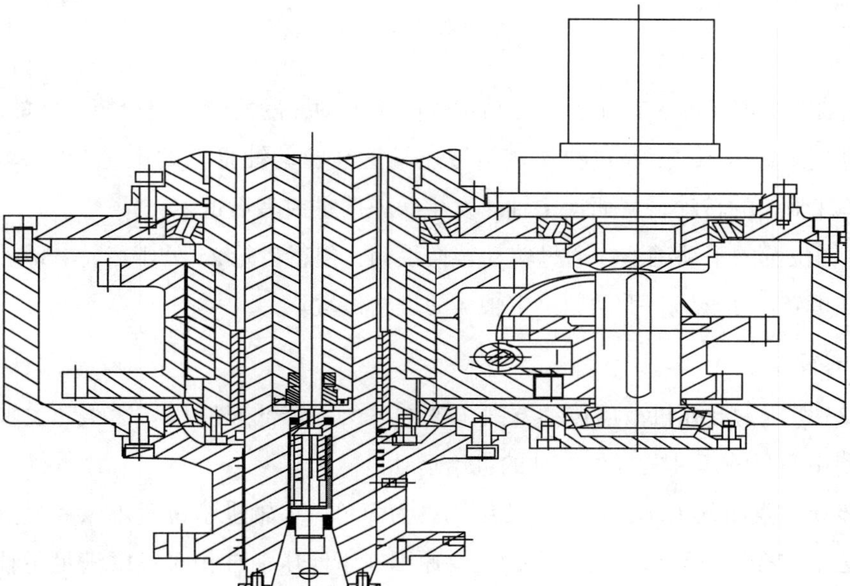

图 3-21　主传动箱

(2)主轴的进给运动。主液压马达 2 由齿轮 Z1 与 Z3(或者齿轮 Z2 与 Z4)带动主轴套筒 3 使主轴 4 旋转。与此同时，安装在主轴套筒 3 上的齿轮 Z5 带动齿轮 Z6，Z7 和 Z8 由牙嵌式离合器 7 通过齿轮 Z9、Z10、Z11 与 Z12 带动Ⅳ轴的转动。因为Ⅱ轴上的齿轮 Z7 和 Z10 的齿数差使得主轴 4 上的螺母 10 和丝杠轴 5 产生了差速运动，从而实现了主轴 4 的低速工作进给运动；当进给力过于大时，牙嵌式离合器 7 会自动打开，以避免水下开孔机发生故障，如图 3-22 所示。

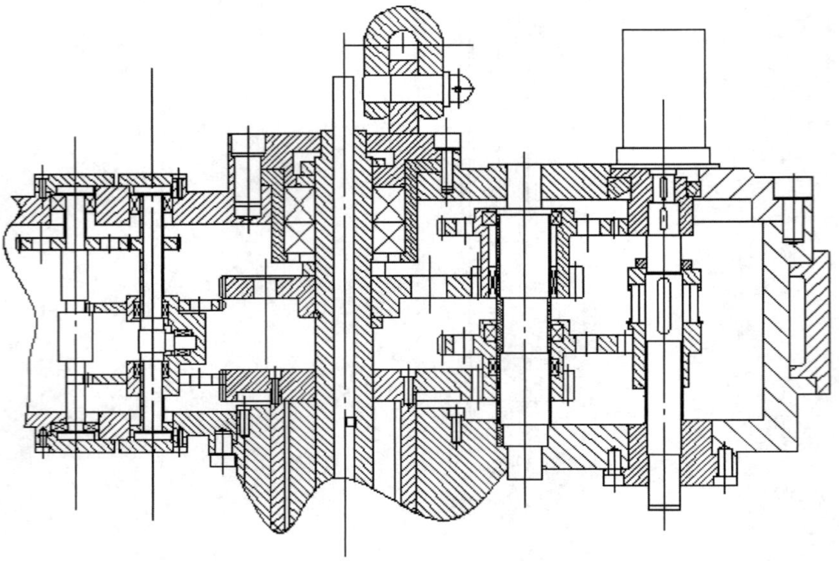

图 3-22　进给箱

(3)主轴的快进运动。首先主液压马达 2 停止转动，随后转动进给箱上面的转换手柄，即可打开牙嵌式离合器 7。通过快速进给液压马达 9 驱动轴Ⅲ上的齿轮 Z9、Z10、Z11 与 Z12 实现丝杠轴 5 的转动，从而使主轴 4 发生快速前进或者后退。

(4)主轴位置的手动调节。通过转动转换手柄，使得齿轮 Z5 处于齿轮 Z3 与 Z8 的中间位置，这样可转动手轮 6，手动调整主轴 4 的进给位置。

4)*液压传动*

图 3-23 所示为开孔机液压传动方案，该方案由一个低速液压马达驱动主轴做旋转切削运动，利用两只液压油缸提供主轴的进给运动。

这个传动方案简化了减速机构，使结构更为简单，主轴进给位置可以通过液压缸直接观察；但这个方案实现有着一定难度，主要原因在于液压油缸相对难以满足主轴的低速进给运动要求，如采用常规的液压元件，则所组成的液压传动系统较难实现所要求的低速运动，如采用伺服液压传动，则会导致成本较高、结构相对复杂。

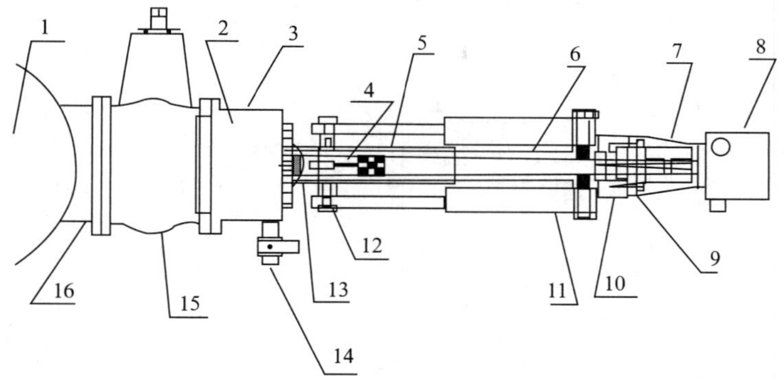

图 3-23　开孔机的液压传动方案

1—管道；2—刀具和导向钻头凹槽位置；3—机器与阀门适配器；4—张紧螺栓；5—分支部分；6—机器背部；7—钟罩和耦合器部分；8—液压驱动马达；9—轴承箱背板；10—推力轴承和导向衬套盒；11—液压缸；12—安装螺栓；13—封装箱和密封部分；14—侧出口阀；15—支路管道阀；16—攻丝套/鞍形连接件

3.4.3　液压控制系统的组成与工作原理

从图 3-24 中可以看到，液压系统由液压动力源 1、高压软管 2、快换接头 3、背压阀 4、主驱动液压马达 5、快速驱动液压马达 6、节流阀 7、单向减压阀 8、多路换向阀 9、减压阀 10、压力表 11、液控换向阀 12 和开孔机主轴上腔 13 组成。液压动力源 1 给水下开孔机提供液压动力，由两根高压软管 2 将液压动力传输到水下。水下液压控制部分安装在开孔的壳体上面，由两联三位四通多路换向阀 9 分别控制主驱动液压马达 5 和快速驱动液压马达 6 的运转，多路换向阀 9 能保证两个液压马达不会同时转动，避免了失误操作。

当在高压管道上进行开孔时，水下开孔机钻通管道后，管道内部的高压气体或者液体会进入开孔机主轴的下腔，并由连接管线进入液控换向阀 12 的右端，推动 12 的换向，使得液压系统中的高压油经减压阀 10，按照设定的平衡压力自动进入开孔机主轴上腔 13 处，平衡了水下开孔机主轴下端管道内的液压产生的作用力，减少了高压管道上的水下开孔机主轴的进给力。液控换向阀 12 右部设置有隔离腔，可保障高压气体或者液体不进入开孔机的液压系统里。

当水下开孔机完成开孔作业后，通过快速驱动液压马达 6 带动主轴的快速向上移动，使主轴返回原来位置。水下开孔机的主轴上腔 13 处有高压油，经过液控换向阀 12，由减压阀 10 上的泄油孔回到油箱。调节减压阀 10 出口的压力，可以通过设定水下开孔机的平衡压力进行，以完成不同压力的管道开孔作业。经节流阀 7，可以对快速驱动液压马达 6 的速度进行调节以控制主轴快退快进的速度，单向减压阀 8 能够调节快速驱动液压马达 6 的进口处压力。此液压系统的动力驱动回路和压力平衡回路采用单一源泵供油，使得系统结构简单，减少了水上与水下连接的油管数量。

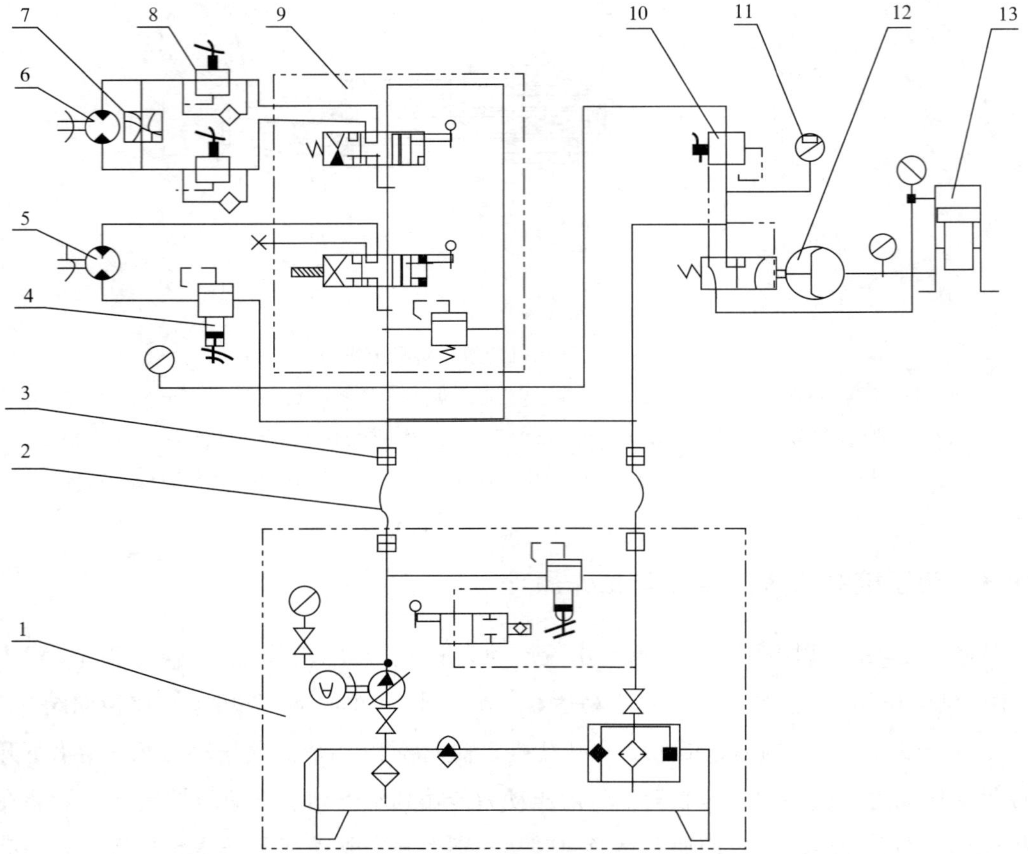

图 3-24 液压原理图

1—液压动力源；2—高压软管；3—快换接头；4—背压阀；5—主驱动液压马达；6—快速驱动液压马达；7—节流阀；8—单向减压阀；9—多路换向阀；10—减压阀；11—压力表；12—液控换向阀；13—开孔机主轴上腔

另外，水下开孔机也需要特殊的开孔辅助设备才能很好地完成相应的开孔作业，而这种开孔辅助设备主要用于为水下管道开孔提供支撑，并且控制水下开孔机的主机与油气输送管道之间的开关等。

3.4.4 其他组成部分

1) 密封装置

开孔机的密封包括传动箱的密封、刀具壳体下端的密封以及圆锥滚子轴承的密封。

(1) 传动箱的密封。由于传动箱体积较大，密封轨迹为曲线，因此，上下壳体结合面之间采用接触式密封，利用具有较高强度和弹性的密封垫片以达到密封性能要求。

(2) 刀具壳体下端的密封。开孔机在水下工作时，为避免其内部储存海水，使大量的海水渗入原油中，影响原油的纯度，需要单独设计刀具壳体下端的密封，以实现开孔机在水下正常工作。

(3)圆锥滚子轴承的密封。圆锥滚子轴承主要用于开孔机传动系统输入端的支承，选择密封方式时应考虑用于密封的润滑介质不易泄漏，有效地阻挡海水的入侵，从而获得良好的密封效果。

2)开孔刀具

开孔刀具材料选择主要考虑筒形刀的材料选择和中心钻的材料选择。

(1)筒形刀的材料选择。水下开孔机在开孔过程中，所产生的切屑具有较大的摩擦和变形，导致筒形刀承受较大的切削力和高温，因此，筒形刀需要选择具有较高耐磨性和导热性的材料(图 3-25)。

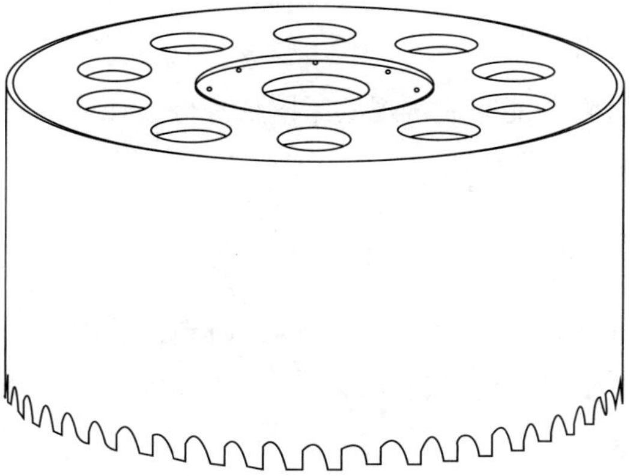

图 3-25　筒形刀

(2)中心钻的材料选择。水下开孔机所采用的中心钻是一种形状复杂的双刃钻削工具，主要用于孔的粗加工，因切削余量较大，因此，需要选用具有较高强度和硬度的耐磨材料。

3)行程控制装置

行程控制装置主要用于控制开孔过程中的运动状态的转换，其主要包括标尺和撞块，标尺通常固定在进尺丝杠螺母的一侧，在进行开孔操作前，需首先设置撞块的位置，在开孔过程中，一旦到达相关控制阀的位置，安装在标尺上的撞块压下控制阀的凸轮，即可改变行程的状态。

思考题

1. 简述开孔机的类型及主要功能。
2. 分析水下开孔机的系统组成和工作原理。
3. 分析水下开孔机各传动方案的特点。

第4章 水下紧固机械

水下紧固机械是用来扩大潜水员和机械手的有效工作能力的工具，可完成水下救生打捞、装配、修理、清除废物以及连接水下装置等任务。本章主要介绍水下紧固机械的工作原理及类型等。

4.1 概述

水下紧固机械(装置)除了能完成常规的紧固任务外，还需要具有较高的工作效率、较低的劳动强度，以方便操作人员使用。

4.1.1 水下紧固装置概况

水下紧固装置大多由美国、日本、德国等国家研制，其中美国科研实力较强，已开发了大量在海洋潜水作业中使用的紧固装置(表4-1)，国内也研制开发了一些紧固工具，包括冲击套头扳手、手钻等。

表4-1 常用水下紧固装置

名称	质量	主要性能指标
气动套筒扳手	10 kg(空气)	驱动力可转动 M22 至 M40 的螺母
轻型潜水员用液压套筒扳手	4.5 kg(空气)	转速：950 r/min 驱动力可转动 M16 至 M22 的螺母
重型潜水员用液压套筒扳手	36 kg(空气)	转速：565 r/min 驱动力可转动 M44 至 M60 的螺母
海水液压冲击扳手	不详	动力源压力 13.8 MPa，流量 45 L/min

美国是较早开展水下作业装置系统研究的国家，早在20世纪60年代就开始了海水液压水下紧固装置的研究。1984年，成功研制了首套海水液压冲击扳手，并投入使用。英国、芬兰、德国和日本也相继开发了多种水下紧固装置，用于海底管道作业设备和水下作业机械手。

国内哈尔滨工程大学较早开展了水下紧固装置的研究，主要从油压驱动和电力驱动两个方面开展工作，所设计的装置通常应用于水深 60 m 以内。为适应大深度作业，相关研究人员改进了油压工具系统的动力源，并努力提高工具系统的作业效率，降低作业成本。

华中科技大学从海水液压驱动方面对水下紧固装置进行了研究，已成功研制出海水液压冲击扳手，但是作业深度还有一定的限制，装置的作业效率和实用性还需进一步提高。

4.1.2　水下紧固装置的分类及性能影响因素

1) 水下紧固装置的分类

水下紧固装置的种类较多，按照工具输出方式可分为力型和速度型两种。速度型工具是指水下紧固装置的输出速度较高，但输出力较小。速度型工具对工作压力要求不高，但是如果要得到一定的运动速度，需要较大的工作流量，所以，这类工具的管路选择和动静密封设计都要进行充分的考虑。

按设备所使用的动力源可分为手动型、液压型、气动型、电动型等，见表 4-2。通常液压系统使用较多，为水下紧固装置的常用动力源。液压驱动工具完成指定作业时，必须提供一套性能稳定、功率足够的液压动力源，动力源可置于母船上或随下潜系统浸入水中，如美国 CURV-Ⅲ潜水器、英国 AMETEK 公司 AME 水下机器人的液压动力源装置。

表 4-2　各种类型工具对比表

类型	动力源	实际能耗率	作业深度	质量	体积	可靠性
电动工具	电力	低	无限制	重	大	低
气动工具	压缩空气	大	50 m 以上	重	大	低
液压工具	液压油	低	中浅深度	轻	小	高
	海水	低	无限制	轻	小	高

2) 水下紧固装置的性能影响因素

(1) 使用环境。水中的能见度较低，同时水对快速运动的紧固装置产生较大的阻力，从而影响紧固性能。

(2) 密封。水下紧固装置的密封是非常重要的，如密封出现问题不仅会影响作业系统的正常工作，降低装置的可靠性和使用寿命，还会造成环境污染。对于电动紧固装置，需要一个包括电缆、开关、插座等在内的复杂的绝缘系统。

(3) 质量。如果紧固装置太重，会影响操作者的使用方便性，从而导致工作可靠性降低。

(4)噪声。如果紧固装置工作时噪声太大，同时又有压缩空气排放导致的气泡产生，则使得操作人员视线模糊和身体不适。

(5)工作水深。当工作水深增加时，装置的工作效率大大降低、设备的体积和重量会急剧增加。气动紧固装置会出现耗气量剧增、能耗加大的问题，液压紧固装置则会出现系统进油和回油管的沿程功率损失增加的情况。

4.2 手动紧固装置

扳手是一种手动紧固工具，主要用于拧紧或旋松螺母、螺栓等螺纹紧固件，是日常生活和工作中必不可少的工具之一。扳手种类多样，功能各不相同，常用的扳手有开口扳手、活动扳手、套筒扳手、梅花扳手、扭力扳手和内六角扳手等。

4.2.1 传统紧固装置

1)开口扳手

(1)结构与功用。开口扳手形状为一端或两端制有固定尺寸的开口，可以旋转一定尺寸的螺栓或螺母，尤其适用于标准规格的螺栓、螺母，如图4-1所示。开口扳手通常与梅花扳手组成两用扳手，一端与梅花扳手相同，而另一端与单头开口扳手相同，两端可拧转相同规格的螺栓或螺母。

(2)特点。开口扳手结构简单、操作方便和可靠耐用，但是在操作过程中，不能连续往复工作，因此，工作效率较低。

图4-1 开口扳手

2) 梅花扳手

(1) 结构与功用。梅花扳手的工作部位是花环状，当套住螺母扳转时，可以使六角受力均匀，两头带有六角孔或十二角孔的梅花扳手应用较为广泛。梅花扳手可以拆装标准规格的螺栓、螺母，特别是需要用较大力矩拆装的螺栓、螺母，如图 4-2 所示。

(2) 特点。梅花扳手适用于工作空间狭小的环境，适应性强，扳转力大，操作安全性较好。

图 4-2　梅花扳手

3) 活动扳手

(1) 结构与功用。活动扳手由可调和固定两部分组成，将蜗杆的旋转运动转换成活扳唇的水平运动，以装卸螺栓或螺母，如图 4-3 所示。

(2) 特点。活动扳手的开口宽度可在一定尺寸范围内进行调节，能旋转不同规格的螺栓或螺母，但是调节开口宽度所需时间较长，工作效率较低。另外，由于使用频繁，蜗杆的齿面容易磨损而发生死锁现象。

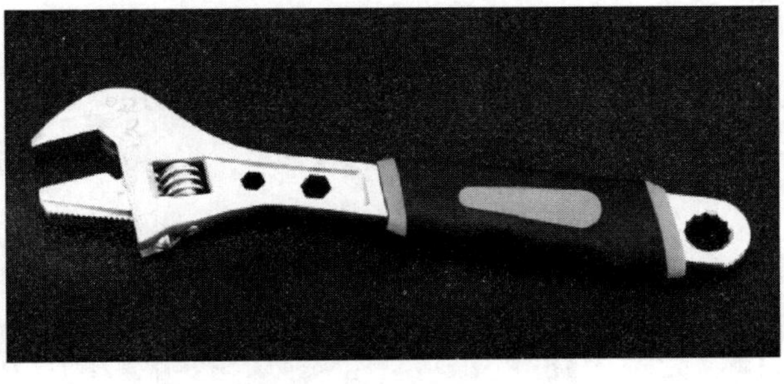

图 4-3　活动扳手

4) 内六角扳手

该类型扳手是一种专用于拧转内六角螺钉的 L 形六角棒状扳手，如图 4-4 所示，通常是成套设计，可用于转动不同尺寸的内六角螺钉。

图 4-4　内六角扳手

5）套筒扳手

套筒扳手适用于旋转空间十分狭小或凹陷很深处的螺栓或螺母，可连续扭转，工作效率较高。常用的套筒扳手有 L 形（图 4-5）、T 形（图 4-6）和三叉形（图 4-7）。

（1）结构与功用。套筒扳手是由多个带六角孔或十二角孔的套筒组成，同时有接杆、手柄等多种附件，可用于标准规格的螺栓或螺母的装卸。套筒扳手应用广泛，可用于一般部位的螺栓或螺母和处于深凹部位与隐蔽狭小部位的螺栓或螺母的拆装。当与接杆配合时，拆装速度可以加快，拆装质量也可以提高。现在已开发出多功能的套筒扳手，可旋转不同尺寸和形状的螺栓或螺母，如图 4-8 所示。

（2）特点。套筒必须与螺母或螺栓头部相配，因此，套筒扳手是按照不同尺寸进行系列开发的。

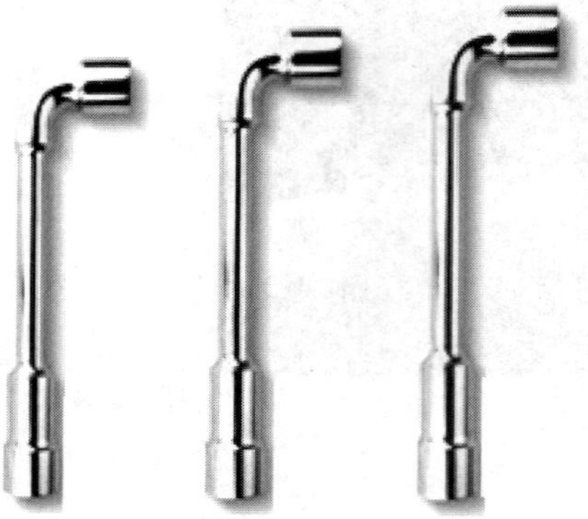

图 4-5　L 形套筒扳手

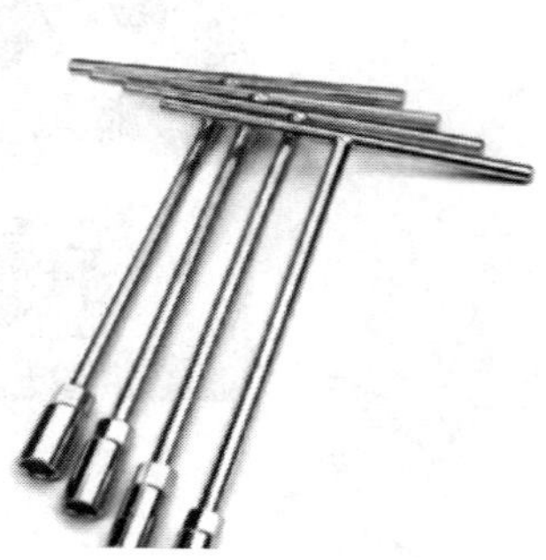

图 4-6　T 形套筒扳手

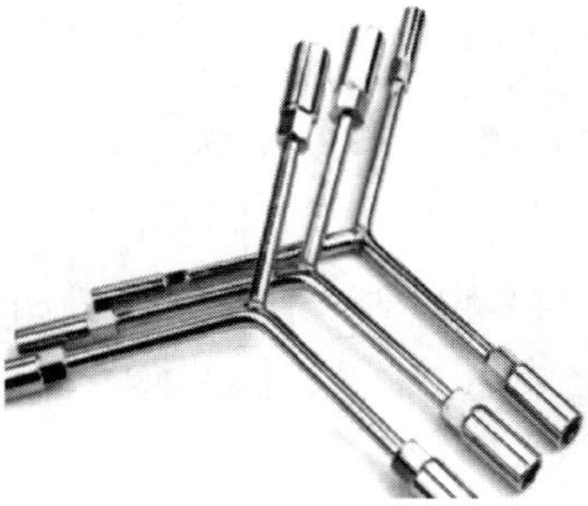

图 4-7　三叉形套筒扳手

图 4-8　多功能套筒扳手

4.2.2　扭力扳手

扭力扳手是一种能够实时反馈并控制扭矩的工具，当使用扭力扳手拧转螺栓或螺母时，所施加的扭矩会显示出来；当施加的扭矩到达了规定值，扭力扳手会发出光或声音等信号。扭力扳手适用于施加准确扭矩的装配或检测工作。

(1)类型。根据工作方式，扭力扳手可分为折弯式扭力扳手、咔嗒式扭力扳手以及自滑式扭矩扳手。当锁紧螺栓到达预设的扭矩值时，折弯式扭力扳手的前端会折弯，显示器显示扭矩数据；咔嗒式扭力扳手会自动发出咔嗒声，以提示操作人员停止锁紧；自滑式扭矩扳手则会使扳手前端自动滑转，以防止过扭。

另外，按照扭矩值的设置方式，可以分为预置式和指针式两种，一般用于有规定拧紧力矩的螺栓螺母的拆装，如曲轴主轴承盖、连杆盖和缸盖等部位螺栓螺母的拆装。

(2)特点。预置式扭力扳手因操作简单，使用较广泛，如图 4-9 所示。这种扭矩扳手可以进行多单位转换(N · m,lb · ft,lb · in,kg · m)，并提供声音指示，同时可进行顺逆调节。预置式扭力扳手具有三种测量模式，即预置模式(到达预置值时声光报警)、实时模式(卸力后立即归零)、峰值模式(卸力后屏幕保留最大值)。

图 4-9　预置式扭力扳手

4.2.3 棘轮扳手

传统扳手通常采用封闭的扳手头部，在空间有限的情况下，需要将扳手转过一定角度后取下，然后再装到螺栓或螺母上旋转，重复多次后才能达到拧紧零件的目的，因此，工作效率较低，棘轮扳手可解决这个问题。棘轮扳手是一种可连续旋转的扳手，如图 4-10 所示，其扳手头部中增加了棘轮机构，从而可实现空程回转，不需要取下扳手就可连续工作，极大地提高了工作效率。

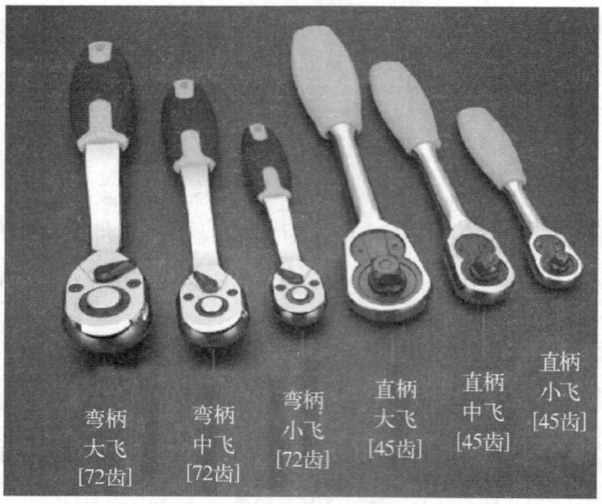

图 4-10 棘轮扳手

4.2.4 多功能扳手

多功能扳手集中了多种扳手的功能，如图 4-11 所示，适用于不同形状螺母的拆装，如可旋转螺栓以及圆形、方形、菱形的螺母，具有硬度高、扭矩大和韧性好的特点。

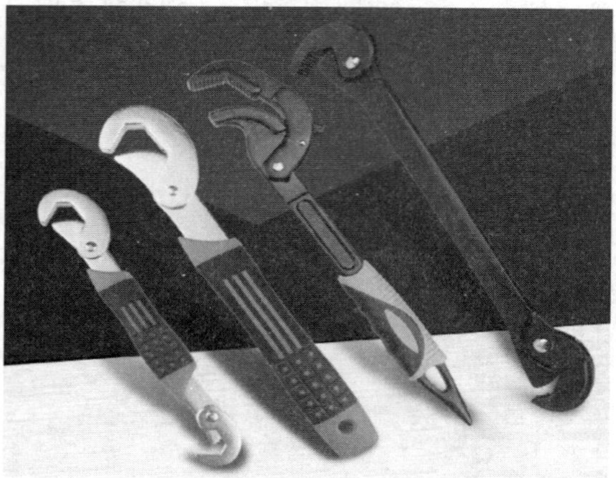

图 4-11 多功能扳手

4.3 液压紧固装置

液压扳手是一种常用的水下作业工具，它的动力源是液压，可提供大扭矩输出，以完成安装或拆卸螺栓或螺母的工作，其主要组成部分是驱动电机、传动系统和液压系统。

根据作用方式的不同，液压扳手可分为液压扭矩扳手和液压冲击扳手。液压扭矩扳手通常是由液压泵驱动，利用液压缸中活塞杆的往复运动，带动装有锁紧装置的拔叉运动，进而利用套筒安装或拆卸螺母。而液压冲击扳手则是由液压泵驱动，利用传动装置将动力传递给冲击机构，再通过冲击机构的循环运动带动套筒以安装和拆卸螺母。

随着我国海洋开发利用的迅速发展，海底打捞、救生及海底设施建设等水下作业工作日渐频繁，相关作业深度不断扩展，迫切需要适合深海作业的水下工具。

4.3.1 液压冲击扳手的类型

液压冲击扳手可以满足多种需要，进行无级调节扭矩和正反双向旋转。冲击扳手的工作原理是利用一对相向冲击的冲击块对输出轴进行连续击打，以提供持续的冲击力，抵消冲击扭矩，减少反作用力对操作者的传递。根据所使用的介质种类，液压冲击扳手可以分为油类液压冲击扳手和海水液压冲击扳手；根据工作水深可以分为浅水液压冲击扳手和深水液压冲击扳手。

深水液压冲击扳手是一种重要的深水作业工具，具有体积小、重量轻、便于携带的特点，而且操作简单，可以在水下 300 m 进行作业，是潜水员完成水下装拆螺纹连接件等工作的重要工具之一，广泛应用于船舶、建筑等工程中的安装、检修和拆换工作。常见的水下液压冲击扳手有 Stanley 公司生产的液压冲击扳手 ID07，如图 4-12 所示。

ID07 为大扭矩冲击扳手，用于紧固或拆除螺帽和驱动螺栓，是比较常见的水下紧固工具，可以满足多种需要。每种型号都可以进行无级调节扭矩，同时可以正反双向旋转。其冲击扭矩可达 675 N · m，配有摩擦圈或销式套筒护圈。另外，该水下冲击扳手同时具备冲击扳手与木钻两种功能，1/2″方形驱动通过接头输送 675 N · m 的扭矩，木材钻头使该水下冲击扳手易于在木材上钻孔。ID07 采用大号扳机，方便操作人员握持，同时，冲击扳手上还安装有倒流检查阀，可预防冲击钻回击，设计的内置开中位或闭中位选择、羽式开关和配置的 7/16 快换接头或 1/2″驱动方头，使得操作快捷方便。

图 4-12　Stanley 公司的液压冲击扳手 ID07

4.3.2　海水液压冲击扳手的结构组成及工作原理

海水液压冲击扳手是一种旋转式冲击扳手，主要用于螺纹连接件的快速拆卸与安装，具有作业效率较高的优点。

1) 结构组成

海水液压冲击扳手通常由驱动机构、传动机构、冲击机构和换向机构等组成，如图 4-13 所示。

(1) 驱动机构。海水液压冲击扳手由海水液压马达驱动，将压力能转换为机械能。

(2) 冲击机构。冲击机构由主动冲击块和从动冲击块、弹簧以及滚珠螺旋槽组成。其中，滚珠安装在传动轴和主动冲击块之间，将传动轴的运动传递给主动冲击块，同时，借助“人”字形滚珠螺旋槽，在阻力矩到达冲击临界力矩后，带动主动冲击块脱离从动冲击块，从而做好下一次冲击的准备。

(3) 换向机构。换向机构主要由换向阀、换向开关和开关阀组成，用于控制螺母的安装和拆卸的工作状态。控制阀采用两种阀的组合形式，即将密封性较好的球阀与多功能的滑阀相组合，从而实现海水液压冲击扳手的各种功能。

2) 工作原理

当海水液压冲击扳手拧紧螺母时，高压海水通过换向阀进入海水液压马达，推动马达旋转，进而驱动传动轴旋转，同时滚珠推动主动冲击块旋转。由于弹簧的压力使得主动冲击块和从动冲击块啮合，从动冲击块随着主动冲击块一起旋转，并使得套筒快速转动螺母。

当螺母的端面接触到工件端面时，阻力矩会急剧增加，从而使得滚珠推动主动冲击块克服摩擦力和弹簧压力向后移动，与从动冲击块分离并继续旋转，并在弹簧的压力下向前

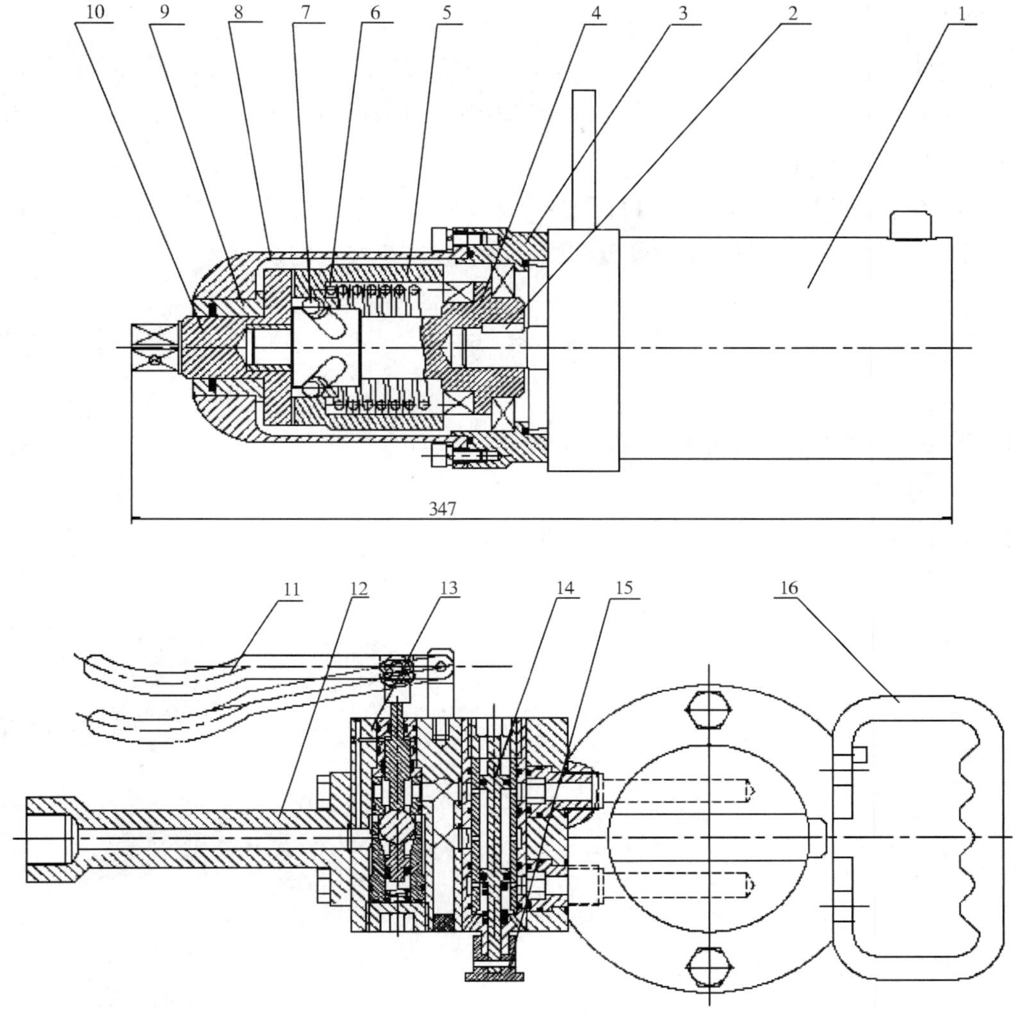

图 4-13　海水液压冲击扳手结构图

1—马达；2—平键；3—端盖；4—传动轴；5—主动冲击块；6—弹簧；7—滚珠；8—壳体；9—铜套；10—从动冲击块；11—开关扳机；12—手柄；13—开关阀；14—换向阀；15—换向开关；16—扶手

移动，再次与从动冲击块啮合，继续转动螺母，多次冲击即可达到拧紧螺母的目的。

如果利用换向开关改变马达进出口方向，则海水液压马达反转，从而可以拆卸螺母。

3）性能影响因素

（1）体积和质量。海水液压冲击扳手的体积和质量会影响操作人员的使用方便性和性能可靠性，因此，应尽可能使其体积小、质量轻，满足“舒适、安全、高效”的原则。

（2）润滑。润滑失效和不合理会导致摩擦和腐蚀，从而使得零件表面失效，缩短装置的使用寿命和降低装置的可靠性。海水液压冲击扳手的马达采用全海水润滑，冲击机构可采用脂润滑。

(3)密封。冲击机构的密封可靠性直接影响装置的性能可靠性。选择密封方式时，应考虑机构的运动状态和工作条件，海水液压冲击扳手可采用O形圈进行固定密封，采用格来圈进行旋转运动密封。

(4)材料。装置的材料应具有自身耐腐蚀性，同时，不同材料之间应避免发生电化学腐蚀。另外，材料还需要密度小，硬度和强度高，以减少装置的质量。

思考题

1. 简述水下紧固装置的类型和应用场合。
2. 分析手动紧固装置在水下作业时存在的问题。
3. 叙述液压冲击扳手的结构组成及工作原理。

第 5 章　水下挖掘机械

5.1　概述

进入 21 世纪以来，国内沿海经济高速发展，大量的深水港口建造、围海造地工程需要疏浚，导致水下挖掘机械越来越受到重视。水下挖掘机械主要包括挖泥船、挖泥机和挖沟机，可用于水下土石方挖掘，以进行疏浚、吹填和采集砂石土料，还可用于河道拓宽、疏通和河湖加深等用途。

挖泥船是进行水下挖掘的主要设备，工作内容包括现有航道和港口的挖深、加宽和清理，新建航道、港口和运河的开挖，码头、船坞和船闸的疏浚，泥沙的深海抛入或洼地填入等，具有大型化、多功能化、高度智能化等特点。

1) 大型化

目前，为了满足海洋和港口疏浚需要，荷兰的 Boskalis 公司、Vanoord 公司以及比利时的 DEME 公司、Jan de Nul 公司疏浚行业四大运营公司都将大中型绞吸式挖泥船、耙吸式挖泥船作为挖泥船队的主力。从 20 世纪 90 年代至今，已有几十艘巨型耙吸式和绞吸式挖泥船建成。如比利时 Jan de Nul 公司的耙吸式挖泥船，舱容大约 33 000 m^3，其挖掘深度可达到 130 m。我国自主设计制造的亚洲最大的“天鲲号”自航绞吸式挖泥船，挖泥 6 000 m^3/h，挖深 35 m，吹岸距离 15 000 m，配备了国际最先进的智能挖泥系统，可通过驾驶室远程控制施工工程。另外，还有生产率达 4 500 m^3/h 的大型自航绞吸式挖泥船“天鲸号”、4 500 m^3/h 的“天麟号”非自航绞吸式挖泥船。在大型化的基础上，逐渐出现多级泵输送系统，从而实现远距离输送泥浆。

2) 多功能化

许多挖泥船因为功能单一，不能适应不同的工作情况而被闲置。因此，提高挖泥船的利用率，使其能够适应不同工作环境成为挖泥船的设计目标之一。其中一个重要的途径就是通过较少的改造费用，使其具有多种附加功能，从而提高挖泥船的利用率，能够胜任更多工作。

3) 高度智能化

高度智能化主要指挖泥船的仪表化与自动化。因为进行水下挖掘作业时，无法看见挖泥船的水下工作过程，因此监控和显示设备的研究非常重要。随着科技的不断发展，通过计算机技术和仪表能够使操作人员准确、及时地了解作业过程，从而大大简化操作程序。如“天鲲号”挖泥船配置的智能挖泥系统可实现无人操控自动挖泥，大大提高了挖泥船作业的准确性与效率。

4）绿色化

为了减少对海洋环境的污染，新一代的挖泥船大多采用新型驱动能源。如“天鲲号”绞吸式挖泥船采用全电力驱动，极大降低了海洋污染的风险。另外，比利时 DEME 公司研发、荷兰 IHC 船厂承建的“Spartacus”号绞吸式挖泥船的推进系统和切割系统采用了 LNG 动力，大大减少了能源消耗和环境污染。

5.2 挖泥船结构及工作原理

目前，挖泥船主要有绞吸式挖泥船、耙吸式挖泥船、链斗式挖泥船、抓斗式挖泥船、铲扬式挖泥船等，挖泥船的疏浚系统比较复杂，其特点见表 5-1。

表 5-1 各种挖泥船的特点

类型	工作方式	优点	适用范围
绞吸式挖泥船	可航行工作	效率高，成本低	泥沙滩涂的疏理
耙吸式挖泥船	可航行工作	操纵灵活，工作效率高，抗风浪能力强	海港、江面和锚地的疏浚
链斗式挖泥船	可移动工作	精度高，误差小	土石、土质等水下地质物体的挖掘
铲扬式挖泥船	固定工作	破土力强，适应性强	礁石、重黏土、粗砂及胶结混合物的清理以及大型沉物的打捞

5.2.1 绞吸式挖泥船

绞吸式挖泥船是现有挖泥船中的一种主要类型，适合于开挖沙质土、淤泥等土质疏松的河底和较硬的砾石黏土，通常用于内河、湖区和沿海港口施工中的疏理泥沙滩涂和吹填工程。在挖掘过程中，绞吸式挖泥船可一次连续完成挖泥、运泥、卸泥等工作过程，因此，具有高效率、低成本和性能良好的特点。

绞吸式挖泥船的挖掘作业主要依靠绞刀、泥泵和吸泥装置，在挖泥作业中，绞刀转动、切削、打碎土壤，泥泵吸入打碎的泥土，然后借助水上与陆地的排泥管道，输送泥浆到指定的区域，完成疏浚或者吹填施工过程。在施工过程中，作为绞吸式挖泥船的核心部件，泥泵在柴油机驱动下进行吸泥和排泥工作。为了挖出作业面规定的深度、宽度和长度，挖泥船还需移动，其艉部有钢柱两根，挖泥时将其中一根插入河底作为定位桩，用锚缆拉动挖泥船，以定位桩为中心，左右摆动挖泥。前移时，用另一根钢桩交替地换桩，因此，绞刀挖泥过程呈扇形前进。

绞吸式挖泥船通常由液压驱动系统和泥泵吸排系统两大部分构成。液压驱动系统实现对绞刀、横移、绞刀架、定位桩、抛锚等部分机械装置的驱动；泥泵吸排系统实现泥浆的吸入与输送，通常由动力系统、传动系统、离心式泥浆泵、船体、输泥系统(含水上浮筒排泥管、潜管和陆上输泥管)等组成，其基本结构如图 5-1 所示。

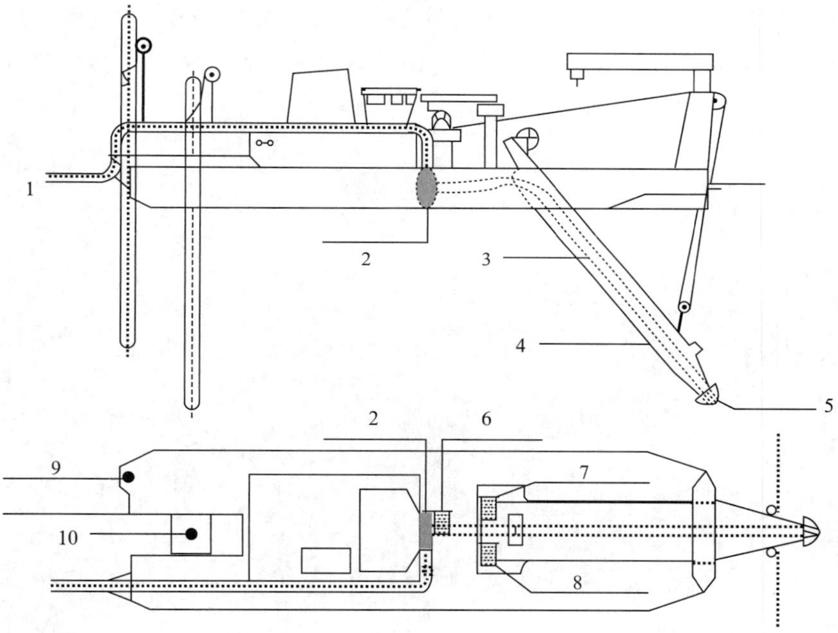

图 5-1　绞吸式挖泥船结构组成

1—排泥管；2—泥泵；3—吸泥管；4—绞刀桥架；5—绞刀；6—桥架绞车；7—左舷绞车；8—右舷绞车；9—辅助定位桩；10—主定位桩；11—钢桩台车

具体来说，绞吸式挖泥船包括挖掘系统、泥浆输送系统、液压系统、控制系统等。

1) 挖掘系统

挖掘系统包括绞刀运动、切削土壤和混合泥水的所有装置，可细分为横移系统、桥架控制系统、绞刀系统等。

横移系统驱动挖泥船以主定位桩为中心左右摆动，从而使得绞刀在水平方向上做扇形运动。横移系统通常由左右两台安装有液压系统的绞车进行驱动，两台绞车可独立工作也可以同时工作。在疏浚时，两台绞车同步运动且方向相反，通过连续收放两侧的钢缆，在挖泥船上形成的转矩可以推动挖泥船转动。挖泥船的运动方向与绞车的运动方向存在关联：当挖泥船需要向左侧运动时，左侧绞车回收钢缆，右侧绞车释放钢缆；反之，则右侧绞车回收钢缆，左侧绞车放出钢缆。另外，在船首左右两舷各设置有一根抛锚杆，其下端安装在转动轴上，上端通过钢丝绳悬挂在门架上。在释放锚时，利用惯性将具有较大自重的锚抛出，通过横移绞车来回驱动桥架，使绞刀头呈扇形地进行疏浚作业。

桥架控制系统包括角度传感器和桥架液压绞车。它可通过桥架的角度传感器感知和控制桥架的旋转角度，利用桥架液压绞车控制桥架的升降距离。由于桥架的一端与船体铰接，另一端安装有绞刀系统，因此，当桥架液压绞车收放钢缆时，桥架在钢缆张力作用下围绕其端点在垂直面内旋转，固定在其末端的绞刀位置也同时变化，其作业深度即可通过桥架控制系统实现调节。“天鲲号”绞吸式挖泥船的桥架重达 1 600 t，配置了世界最大的波浪补偿装置，通过伸缩液压缸，可以降低波浪对桥架的影响，确保在恶劣海况下的施工安全。图 5-2 所示为“天鲲号”绞吸式挖泥船。

图 5-2 “天鲲号”绞吸式挖泥船

绞刀系统实现将泥块切割和泥土搅动并与水混合形成泥浆的功能。绞刀由液压马达进行驱动，其驱动功率和结构对挖泥船的工作能力与效率有比较明显的影响。

绞刀位于吸泥管的泥浆入口处，通常由大环、刀臂、轮毂和刀刃组成。其中，大环、轮毂和刀臂组成绞刀主体，刀刃通过铆接或焊接方式固定在刀臂上，其结构形式随着挖掘土质、绞刀速度、绞刀功率以及绞刀驱动机构功率而改变，因此，种类多种多样。根据疏浚物不同可分为挖泥绞刀、挖沙绞刀和挖岩绞刀；根据切削刀片结构的不同，可分为刀刃型绞刀、刀齿型绞刀和绞刀型绞刀；根据挖泥船外形不同，可分为开式绞刀、闭式绞刀和齿型绞刀；根据切削土壤类型不同，可分为磐型绞刀、多功能型绞刀和球型绞刀。通常，一艘挖泥船上会配置多种绞刀。图 5-3 所示的“天鲲号”绞吸式挖泥船铰刀，铰刀功率为 6 600 kW，每小时可挖泥 6 000 m^3，除了可用于挖掘淤泥、粉细砂、黏土、中硬度质土、密实砂质黏土与砾石外，还可以开挖单侧抗压强度 50 MPa 以内的岩石，大大减少了海底爆破工程量和海洋污染。

图 5-3　“天鲲号”绞吸式挖泥船的绞刀

2) 泥浆输送系统

泥浆输送系统在绞吸式挖泥船中占有非常关键的作用，影响着疏浚作业的重要性能指标和作业参数。典型的疏浚作业泥浆输送系统如图 5-4 所示。系统主要由柴油机、泥泵、机械传动机构、吸泥管、排泥管和仪表、传感器系统构成，可将切削并混合后的泥浆输送到指定的排泥场所。当系统工作时，经柴油机驱动传动机构，进而泥泵旋转并在其入口侧形成负压，从而吸入泥浆，并通过排泥管道输送到排泥场所。当泥浆需要输送到较远的排泥场所时，单级泥泵无法直接将泥浆输送完成，而需要多级柴油机与泥泵系统串联工作。目前，常规配置为一个水下泵加上一个舱内泥泵，如果远距离输送泥浆，则由一个水下泵和两个舱内泵组合。

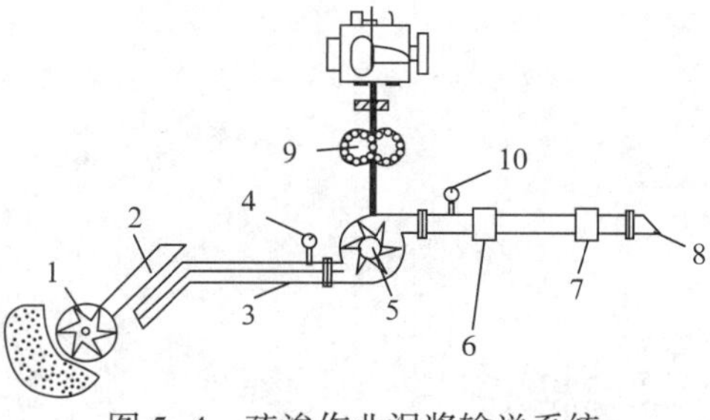

图 5-4　疏浚作业泥浆输送系统

1—绞刀/斗轮；2—斗桥；3—吸泥管；4—真空传感器；5—泥泵；6—泥浆浓度计；

7—泥浆流量计；8—排泥管；9—机械传动；10—压力传感器；11—柴油机

“天鲲号”绞吸式挖泥船配置了三台变频电机驱动的高效泥泵，其中一台水下泵和两台舱内泥泵，泥泵电机总功率达到 17 000 kW，另外还配置了直径均为 1 000 mm 的吸/排管，可根据输送距离的不同选择单泵工作、双泵或三泵串联工作等多种施工组合模式。其具有强大的吹填造地能力，最大输送距离可达 15 000 m。为实现疏浚系统的自动作业，必须将智能化方法和作业经验、设备信息和过程参数相结合以实现监测、故障预测和优化控制。

3) 定位桩系统

定位桩系统由主、辅定位桩与提升系统构成。通常挖泥船的定位桩系统至少配备有主、辅两根定位桩，主定位桩用于挖泥船作业过程中的定位，辅助定位桩用于在主定位桩提起重新定位期间的临时定位。主、辅定位桩的提升可利用液压油缸实现，下落则依靠自重插入河床底泥层中。在作业过程中，主定位桩保持固定，挖泥船整体以主定位桩为支点进行旋转。“天鲲号”绞吸式挖泥船采用了技术先进的三缆定位系统和柔性钢桩台车系统，极大提高了定位效率和精度，确保设备在八级风浪条件下安全作业。

4) 抛锚杆

挖泥船设有两根抛锚杆，分别设置在船首的左右两舷，其下端安装在转动轴上，上端利用钢丝绳悬挂在门架上。当抛锚杆工作时，通过重力将其抛离船体，再控制横移绞车左右驱动桥架部分，进行疏浚作业。

常用的挖泥船设有两只横移锚，通过两台横移绞车进行控制。当需要拉起横移锚时，驱动起锚绞车进行起锚作业。当需要回收抛锚杆时，则利用回旋绞车将抛锚杆收回，如图 5-5 所示。

图 5-5　抛锚杆

5) 控制系统

挖泥船的驱动控制系统是整个系统的关键部分，其设计与优化是挖泥船系统设计与建造过程中的核心问题。驱动控制系统包括驱动控制回路、硬件控制回路、系统控制、作业检测软件系统等。通常采用液压驱动作为绞吸式挖泥船中执行部件的主要驱动方式，控制系统通常以 PLC 和工业控制计算机为核心。

“天鲲号”绞吸式挖泥船配置了国内最先进的智能集成控制系统，具有驱动功率大、启动平滑和控制精确等特点，可实时显示疏浚三维土质信息、推算潮位等，并可通过自动定位进行挖泥作业。

6) 液压系统

根据绞吸式挖泥船施工特点可知，常规挖泥工况时，绞刀和横移绞车工作；辅助挖泥工况时，定位桩、台车和桥架开始动作，而绞刀和横移不启动或低功率运转。倒桩油缸、闸阀动作均与挖泥工况无关，且对速度要求较低，而整个系统的主要动力源是柴油机组，辅助动力源为电动机。因此，柴油机的输出功率要能满足绞刀和一台横移绞车满负荷工作，通常液压柴油机满负荷理论输出功率为 2 340 kW。

由于受单台液压泵的功率限制，因而需采用多台油泵供油，柴油机输出轴需配置多头齿轮箱，并且由于挖泥船液压系统的 80%用于水下绞刀系统，因此为了系统安全，绞刀液压系统呈相对独立设置，采取半闭式系统。3 500 方绞吸式挖泥船的液压系统包括以下几方面。

(1) 绞刀液压系统。绞刀的液压马达输入流量为 3 318 L/min，输入口压力为 27 MPa，油泵与系统的总容积效率为 0.94，油泵出口经管路阀件到马达油口的压力损失为 1.0 MPa，绞刀油泵组的理论输出流量为 3 530 L/min，油泵出口压力为 28 MPa，系统采用 K3V280 泵 10 单台，转速 1 600 r/min，总输出流量为 3 584 L/min，为了进一步减少液压系统的冲击，避免柴油机组的负载突变，提高油泵的启动性能，实现绞刀真正的全程无级调速，油泵通常采用无级比例变量泵。

(2) 桥架定位桩液压系统。两台桥架系统有 4 台 K3V280 泵，这 4 台泵除了驱动桥架绞车之外，还为定位桩升降油缸、夹紧油缸、台车油缸、起锚绞车提供动力，为了实现系统的换向平稳，油泵均采用比例变量泵。

(3) 横移液压系统。绞车的输入流量为 880 L/min，压力为 21 MPa，因横移绞车快速时系统压力较低，油泵与系统的总容积效率为 0.95，油泵出口经管路阀件到绞车的压力损失为 1.0 MPa，油泵的理论输出流量为 926 L/min，输出压力为 22 MPa，因此，K3V280 泵为两台，转速为 1 650 r/min，最大输出流量为 924 L/min。两台泵为横移绞车专用泵源。

(4) 油泵分动齿轮箱。液压柴油机驱动的主油泵共 16 台 K3V280 单泵，转速为 1 600~

1 650 r/min，由于所有泵均为电控比例变量泵，转速为 1 650 r/min，在满足最大流量的前提下，利用油泵的变量实现各机械无级调速。

(5)电动泵组。由于绞刀采用闭式回路，因而可利用一台 7. 5 kW 的电动补油泵组，该补油泵组还可兼作绞刀马达的冲洗泵。

由于定位桩夹持装置的运用，通常配备一台 30 kW 恒压变量泵组，为夹紧系统中保压蓄能器充液。除此之外，该泵还为真空释放阀、闸阀、倒桩等机械提供油源。

在定位桩系统中，每组定位桩升降油缸都设有一个辅助油箱，配置的电动驳油泵与绞刀油泵功率为 7. 5 kW。

为使绞刀系统与甲板机械系统各自独立，绞刀在盘车时(拆装刀头用)不需要使用柴油机，因而单独设置一套 55 kW 的电动泵组。

同时，考虑到电动应急需要，系统还配置了一台电动应急泵组，由于各绞车功率较大，因此采用 30 kW 泵组。

(6)液压工作机械在疏浚作用中的工作时序。液压装置系统由供油系统、负载系统和回油、泄油系统组成，这些系统在作业过程中同时或者依次按照规定程序完成各种动作，而每一个作业动作程序都是根据不同的工作条件和要求制定的。

在一个疏浚作业周期里，绞刀始终按照一个方向连续工作，其他装置则按照下述程序间歇地投入工作，如图 5-6 所示。

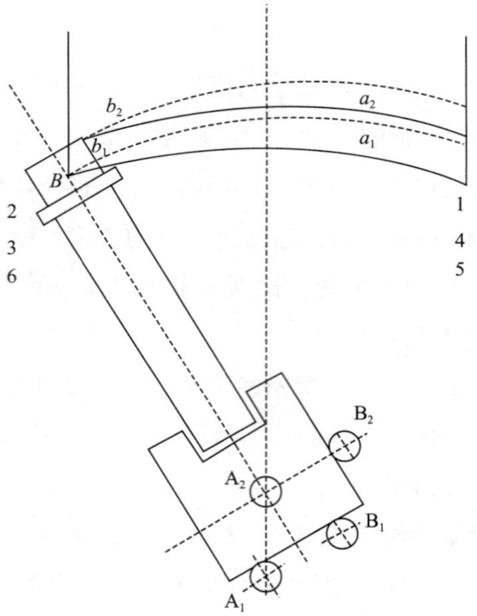

图 5-6　绞刀在水平断面的轨迹

①完成垂向断面 a_1 挖掘动作程序。绞刀围绕 A_2 主定位桩摆动且从上层地点 1 开始挖掘，则其他工作机械的动作程序如下：(i)左横移绞车收缆，右横移绞车以一定张力放出右缆，绞刀向左摆动至点 2，并完成第一层泥沙的挖掘；(ii)桥架绞车放出一段缆索，绞刀头降至点 3；(iii)右横移绞车收缆，左横移绞车以一定张力放出左缆，绞刀向右摆动至点 4，并完成第二层泥沙的挖掘；(iv)重复上述程序，直到 a_1 断面达到规定深度为止。

②移步动作程序。当绞刀在点 B 结束 a_1 断面的挖掘后，如需在另一个断面 a_2 继续挖掘，则绞刀和船体应向前移动一段距离。此时：(i)暂停左右横移绞车；(ii)通过主钢桩台车的液压油缸推动船体向前移动，直到 a_2 断面，重复①所述的挖掘动作程序；(iii)当油缸行程结束后，首先将辅钢桩 B_1 插入河床底，然后将主钢桩 A_2 提升出土，通过台车油缸回复到原位；(iv)当主钢桩 A_2 重新插入土中后，将辅钢桩 B_1 提升出土，重复①所述挖掘动作程序。

③移锚动作程序。绞刀挖掘了若干个垂直断面后，横移锚将会位于两舷后侧，导致摆动拉力变大，因此需要将锚移向两舷前侧。移锚动作程序如下：(i)起锚吊车将锚提升出土；(ii)锚杆摆动绞车将抛锚杆收回原位；(iii)释放抛锚杆，利用锚自重重力将其抛出并固定；(iv)横移绞车放出缆索并保持一定张力；(v)重复①所述挖掘动作程序。

7) 绞吸式挖泥船施工方法

绞吸式挖泥船常用的施工方法有三种，即横挖法、分段挖法和顺逆流法。

横挖法适用于装有钢桩的挖泥船在一般区域施工；装有三缆定位设备的挖泥船在风浪较大的区域施工；装有锚缆横挖设备的挖泥船在流速和风浪较大的区域施工。

分段挖法适用于开挖沟槽长度大于挖泥船水上管线的有效伸展长度的沟槽；开挖含有转向曲线的沟槽；开挖不同规格和工期的沟槽；开挖受航行或其他因素干扰的沟槽。

顺逆流法根据不同施工条件进行选择。顺流法适用于在内河采用钢桩定位施工或者在流速较大时，采用尾锚施工；逆流法适用于采用锚缆横挖法施工。

5.2.2 耙吸式挖泥船

耙吸式挖泥船通过置于船体两舷或尾部的耙头吸入泥浆，以吸泥和航行同时进行的方式工作，因此耙吸式挖泥船机动灵活、挖泥效率高、抗风浪能力强，适宜在沿海港口、宽阔的江面和湖面作业。

由于耙吸式挖泥船体积大，抗风浪能力强，辅助设备少，可单船在行进中挖泥，对周围航行的船舶影响小，并且其在船首水线下安装有横向推进器，转向方便，所以非常适合在狭长航道和小型港池中挖泥。另外，泥耙的吊缆处设有波浪补偿装置，因此耙吸式挖泥船还可在风浪大的外海施工。除此之外，耙吸式挖泥船还可以配置吹泥上岸的设备，将泥舱内的泥浆利用高压水稀释后，通过泥泵将其从舱底吸入并排至甲板上的排泥管或快速接头，与岸上管线接通后吹泥上岸，即可充当绞吸式挖泥船使用。

耙吸式挖泥船的主要设备包括泥耙、泥泵、闸阀、管道系统和泥舱等。泥耙由耙头与吸泥管组成，根据其安装位置不同可分为尾耙、中耙、边耙和混合耙四种。耙头是挖泥的关键装置，通过挖泥船上的起落吊架和泥耙起落机操纵。泥泵是一种低水头大流量的离心泵，一般配置的泥泵数量与泥耙数量相同。各泥泵可根据需要进行串联。泥舱位于挖泥船的中前部，其容积可利用溢流阀进行调节，溢出上部低浓度的泥浆，以增加泥舱的装载量。

另外，耙吸式挖泥船还可配备 DGPS 高精度定位系统、吃水装载仪、耙臂位置指示仪、浓度计、流量计和产量仪等疏浚仪器，有的耙吸式挖泥船还配备有自动定深挖泥、自动化动态跟踪仪器等。耙吸式挖泥船通常采用复合驱动方式，有效地保证了施工进度，充分利用了装机功率，有效提高了挖泥船自动控制集成化程度。如亚洲最大的马来西亚“Inai Kenanga”号耙吸式挖泥船，其容量为 32 000 m^3，挖掘深度可达 95 m，并且安装有新一代的抽吸泵系统。我国的“浚洋 1”号耙吸式挖泥船同样拥有先进的技术，其容量为 21 000 m^3，最大挖深为 90 m，同时，其航行和挖泥全过程都采用自动化控制，具有较强的抗风能力和全球航行能力。“浚洋 1”号耙吸式挖泥船如图 5-7 所示。

图 5-7 “浚洋 1”号耙吸式挖泥船

5.2.3　链斗式挖泥船

链斗式挖泥船主要用于挖掘土石和土质，不能用于挖掘岩石等地质结构。其挖掘能力强，挖槽截面规则，误差极小，适用于港口码头泊位、水利工程及其他有着严格技术规格要求的挖掘工程。

链斗式挖泥船利用一连串带有挖斗的斗链，借助导轮在斗桥上连续转动，使挖泥斗完成水下挖泥并提升离开水面，同时收放前后左右所抛的锚缆，使船体前移或左右摆动进行后续挖泥工作。挖取的泥土被提升至斗塔顶部并倒入泥阱，经溜泥槽滑入停靠在挖泥船旁的泥驳，然后用拖轮将泥驳拖至卸泥地区卸掉。链斗式挖泥船如图 5-8 所示。

图 5-8　链斗式挖泥船

5.2.4　抓斗式挖泥船

抓斗式挖泥船是进行水下清理工作的主要工具，主要用于抓取细砂、粉砂等物体，适用于对主尺度及吃水有严格限制和水流湍急的环境，生产率较高。

抓斗式挖泥船利用旋转式挖泥机的吊杆与钢索悬挂抓斗，在抓斗的自重作用下，落入海底抓取泥土，然后启动斗索绞车，通过吊杆顶端的滑轮，吊斗索将抓斗关闭、提升，再转动挖泥机到指定地点(如泥驳)将泥卸掉。然后，挖泥机又回转至挖掘地点继续挖泥，如此循环作业，如图 5-9 所示。

图 5-9 抓斗式挖泥船

抓斗式挖泥船利用支架支撑抓斗，通过液压驱动抓斗完成挖泥作业，可由四个液压缸和一个液压马达配合工作完成一个循环作业。主液压缸控制抓斗的上升和下降，同步缸控制两个抓斗的同步，辅助缸提供抓斗的压力。两个辅助液压缸在工作过程中需保持同步，以提高抓斗容量和挖泥船的效率。根据所采用的抓斗类型，抓斗式挖泥船可分为水下液压抓斗式挖泥船和定位桩液压抓斗式挖泥船两种形式。

1) 水下液压抓斗式挖泥船

水下液压抓斗斗杆与抓斗之间采用铰链连接，当水流速度较高时，在水流的冲击力作用下或在装卸泥的回转运动过程中，只能在一个方向上倾斜一定角度以减小力臂，而在其他方向，斗杆将承受巨大的弯矩，使斗杆和液压抓斗连接部分故障频出，降低了工效。如果采用使抓斗可以在水流方向上转动的结构，抓斗的迎水面会受到水流冲击，由于液压抓斗的重容比较低，抓斗会顺水漂移一定角度，流速越大，漂斗角越大，当流速超过 3 m/s 时甚至出现卧斗现象，导致抓斗无法按正常的抛物线轨迹进行闭合挖掘，因而水下液压抓斗式挖泥船充斗系数小、空斗率高，工效低。

2) 定位桩液压抓斗式挖泥船

定位桩液压抓斗式挖泥船一方面具有锚缆式挖泥船施工适应面广的特点，另一方面又具有绞吸式挖泥船定位准确、简单方便的优势，减少了锚缆式液压抓斗挖泥船施工前的抛锚环节，提高了作业效率，因此，定位桩液压抓斗式挖泥船在施工中应用较广。

定位桩液压抓斗式挖泥船移动迅速、定位快捷，施工效率比一般锚缆式液压抓斗挖泥船高。同时，由于船舶具有定位稳定、摆动较小的特点，施工质量要优于一般锚缆式液压抓斗挖泥船，适合在有障碍物和垃圾的河段施工。

定位桩液压抓斗式挖泥船的生产率用同一劳动在单位时间内挖泥的数量表示，它是衡量挖泥船生产能力的一项重要指标。单位时间内挖泥量越高，生产率越高，反之，则越低。生产率和抓斗容积、施工速度、充泥系数、搅松系数等因素有关，与抓斗容量、施工速度和充泥系数成正比，与搅松系数成反比。抓斗容积是指抓斗的除水容量，主要根据船体尺寸大小和所配备的挖掘机功率大小而定，浙江内河挖泥船抓斗的容积一般在 0.5～1.2 m^3范围内。

定位桩液压抓斗式挖泥船施工多采用纵向分条、顺流挖泥。在每一条中，采用横向排斗、依次前移的方法。一般以一个断面间距作为分段长度，以船宽与船舷外抓斗工作跨度之和作为分条宽度。如以斗容为 0.75 m^3的挖泥船为例，其分条宽度约为 9 m，泥层厚度在 2 m 之内，一般无须分层。抓斗船前移距一般取抓斗张开宽度的 0.7～0.8 倍。

5.2.5　铲扬式挖泥船

铲扬式挖泥船适用多种工作环境，尤其擅长清理硬度高的河床或海底，同时，其具有较强的抗风浪能力和港口作业影响小的特点，因此铲扬式挖泥船得到广泛应用，如图 5-10 所示。

图 5-10　铲扬式挖泥船

铲扬式挖泥船主要设备有悬挂提升系统和挖掘设备等部件。

(1)悬挂提升系统。悬挂提升系统通常包括3根定位钢桩、钢缆以及绞车。铲扬式挖泥船可沿定位桩自由浮动，并通过定位桩台车在工作区域内移动。绞车通常设置在船首和船尾，通过钢缆和滑轮拉动定位桩台车，从而使定位桩前进或后退。

(2)挖掘设备。铲扬式挖泥船上配置具有较高贯入力的挖掘机，如图5-11所示。其结构包括机座、台架、回转驱动装置、主副臂以及铲斗等。根据所挖掘的地质结构不同，采用不同的主副臂和铲斗。

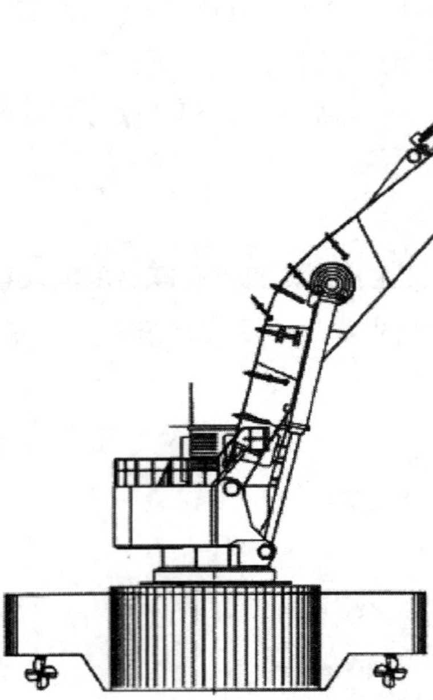

图5-11　挖掘机示意图

铲扬式挖泥船将大部分功率用于铲斗的切削挖掘作业。利用吊杆与斗柄将铲斗放入水中，推压斗柄，拉紧钢缆使铲斗进行水底挖掘，然后由绞车牵引钢缆将铲斗吊离水面至适当高度，利用回转驱动装置转至指定地点，开启斗底门卸泥，如此循环作业。铲斗容量一般为2~4 m^3，大型铲斗容量为8~10 m^3。铲扬式挖泥船通常备有不同类型的铲斗，以挖掘不同性质的土壤或石质。重型斗适用于硬土和石质土壤，轻型斗一般适用于软质土壤。目前，荷兰公司设计的铲扬式挖泥船已达到25 m^3的抓斗容量和27 m的挖掘深度。

5.3　挖泥机

5.3.1　挖泥机简介

挖泥机的任务是进行土石方的施工，即挖深、加宽和清理现有的工作区域，开挖新的道路、隧道和土方。其工作效率高，操作简单，特别适合淤泥的清理。

挖泥机的工作能力是以每小时所挖立方米泥土的容量来表示，挖泥机有机动和非机动之分。陆用挖泥机都是机动的小型挖泥机，施工时通过输出轴的动力传动，利用联轴器控制耙头，机械力将泥巴松动，然后将泥土挖出。水下挖泥机通常是非机动的挖泥机，如耙吸式挖泥船的挖泥机常用于疏浚码头、船坞、船闸及其他水工建筑物的基槽以及将挖出的泥沙抛入深海或吹填于陆上洼地造田等。

挖泥机通常包括机架、转动调节装置、挖泥装置、移动调节装置、动力装置以及推泥装置等。托架铰接于机架，转动调节装置设置于机架与托架之间，可使托架绕铰接点转动。活动支架安装于托架，挖泥装置固定在活动支架上，移动调节装置设置于活动支架与托架之间，可使活动支架沿托架移动。动力装置安装于活动支架上，动力装置与挖泥装置之间设有第一传动装置。推泥装置安装于活动支架上，可将远处的淤泥输送到淤泥进口，推泥装置与动力装置之间设有第二传动装置。

5.3.2　挖泥机耙头结构及工作原理

1) 挖泥机耙头介绍

挖泥机耙头是由泥耙下唇、耙齿、罩壳等组成的机械松土器，如图 5-12 所示。耙头设置在耙吸管端部，紧贴于水底，斜拖挖泥，一般用于各种挖泥机，是挖泥机用来吸取泥浆或泥沙管路的最前端设备。现在许多耙头增加了电子传感器、液压装置以及喷水装置等，用以获得不同土质最佳的破土吸泥效果。

挖泥机耙头需要具有优良的综合性能，包括机械性能和物理化学性能(耐热、耐低温、抗氧化、耐腐蚀等)。为了满足上述性能要求，通常选择具有高纯洁度和均匀性、良好表面质量的材料。

耙头是挖泥机的主要挖泥工具，随着挖泥机的发展和研究，耙吸式挖泥船上的耙头受到广泛关注，对耙头做了大量的模型试验和实船试验。我国东海船厂已构建了 8 种基本耙头模型，进行了 63 种模型方案的 248 次试验，已试制成功挖泥效率较高的新型 DB 型耙头

图 5-12　挖泥机耙头

(表 5-2)。该种型号的耙头改进了线型设计，减少了涡流损失，降低了外形高度，提高了适应性，对疏浚长江等较浅的水道尤为适用。另外，对吸口面积、喉口面积和吸管面积之间的比例做了适当的调整，使真空吸力分布更为合理。此外，对高压冲水位置进行调整，加强了破土能力。

表 5-2　泵功能比挖量比较表　　单位：$m^3/(ps \cdot h)$

挖深/m	DB 型耙头	加利福尼亚耙头(美国)	标准耙头(荷兰)	WB 型耙头(德国)
5	3.54	2.72	1.89	
5(高压泵)	2.78	3.13		
5	3.16	2.26	1.73	1.68
8(高压泵)	2.47	2.29		2.15

2)耙头工作原理

耙头利用动力输出轴，通过传动系统将动力作用于工作部件，使之旋转或往复运动，以提高切土能力并使土壤高度疏松。其切土、碎土能力很强，作业后地表较为平整且松软。由于单次作业就能达到耕、耙多次的效果，因此降低了作业成本，提高了工作效率。近几年来，耙头的研究与使用有了很大的发展，目前世界各国的耙头主要有水平横轴式、立轴式、往复式和联合作业式等类型。

(1)水平横轴式。该类耙头的旋转轴辊与地面平行并与挖泥机前进方向垂直，安装在水平轴上的旋刀在动力输出轴驱动下，垂直切削土壤，达到切土和碎土的目的。

(2)立轴式。立轴式耙头是刀齿和刀片绕立轴旋转的装置，其突出的功能是可以进行深耕，一般能达到 30~35 cm，较深的能达到 40~50 cm，而且可使整个耕层土壤疏松细碎，但前进速度较慢。

3) 挖泥机耙头结构特点

挖泥机耙头可根据土质选用不同的耙头，挖掘淤泥、淤泥质土、软黏土宜选用挖掘型的“IHC”耙头；挖掘松散和中等密实的砂土可选用冲刷型的加利福尼亚耙头；挖掘密实的砂土应在耙头上加高压冲水；挖掘较硬黏性土或砂土可选用切削型耙头或在耙头上加切削齿。

当挖掘陆地上的土壤时，挖泥机耙头包括耙头本体，耙头本体的底部设置有耙齿，耙头本体与外部旋刀相连的连接部与底部之间相连的弯折部设置有耐磨块，耐磨块上也设置有耙齿。由于在耙头的耐磨块处增设耙齿，增大了耙头阻力，有助于挖泥机高速松动挖掘土壤，确保挖泥机的平稳和施工效率；增设的耙齿能增加对地压力，提高输出轴对耙头周边的动力作用，提高了挖泥效率，这种耙头可以使挖泥机在更多区域正常施工，且节能高效，减少了主机功率的消耗。

当挖掘水下淤泥时，挖泥机耙头还包括冲水管、与冲水管中部固定连接的冲水支管。冲水支管的另一头与腔罩顶部固定连接，腔罩的另一端与耙管吸沙进口转动连接，在腔罩顶部设置角度调节装置，腔罩底部一侧设置耙齿，耙齿的根部设置冲水口，可以根据泥浆的深度调节挖泥机耙头的角度，通过冲水口冲水，使泥浆变松，利于泥浆通过耙管吸沙进口被吸入船舱，提高了挖掘的便利性和工作效率。

5.4　水下抓斗

5.4.1　水下抓斗简介

目前，国内生产的各种型号抓斗多适用于港口岸上作业，这些抓斗大多具有结构复杂、故障易发等缺点，不适于船上使用，限制了船舶运输范围，延长了货物运输周期，增加了运输成本。

近年来，随着水污染日趋严重，国家对内河航道疏浚工程施工要求越来越严，同时施工企业也在不断追求高生产率，由此，在环保基础上，定位桩液压抓斗式挖泥船应运而生，并以其特有的优势在疏浚行业得到了迅速发展。

液压抓斗是通过液压动力源为液压油缸提供动力，从而驱动左右两个组合斗或多个颚板的开合抓取和卸出散状物料的一种工作装置。液压抓斗由液压油缸、斗(颚板)、连接立柱、斗耳板、斗耳套、斗齿、齿座等零配件组成。焊接是液压抓斗最关键的工序，焊接质量直接影响到液压抓斗的结构强度及使用寿命，通常需要采用专用设备进行高效率和高质量的作业。

液压抓斗的工作原理如图 5-13 所示，当电机顺时针旋转时，液压泵即开始将液压油从油箱通过单向阀送至压力管路 P1。液压油经单向阀、主溢流阀和管路 A 至液压缸活塞两侧 KS。液压缸伸出时，回油经管路 B 通过由液控单向阀及回油管和过滤器 T 回到油箱。正确调整液控单向阀的缓冲可防止抓斗“颤动”。主溢流阀可以在低压状态下卸荷，并保证油缸活塞端压力始终在设定值，从而防止断电时抓斗非正常打开，也可以防止油箱液压油升温过快。这时可以通过上层管路中的测压接头，接入测压软管和压力表，检测液压管路闭合时的工作压力。电机逆时针旋转，液压泵将液压油从油箱经单向阀送至压力管路 P2。经单向阀和管路 B，液压油被送至液压缸活塞杆的两侧 KSS。液压缸回收时，回油经管道 A、通过液控单向阀、溢流阀及回油管和过滤器回到油箱。此时，可以通过下层管路中的测压接头，接入测压软管和压力表，检测液压管路打开时的工作压力。

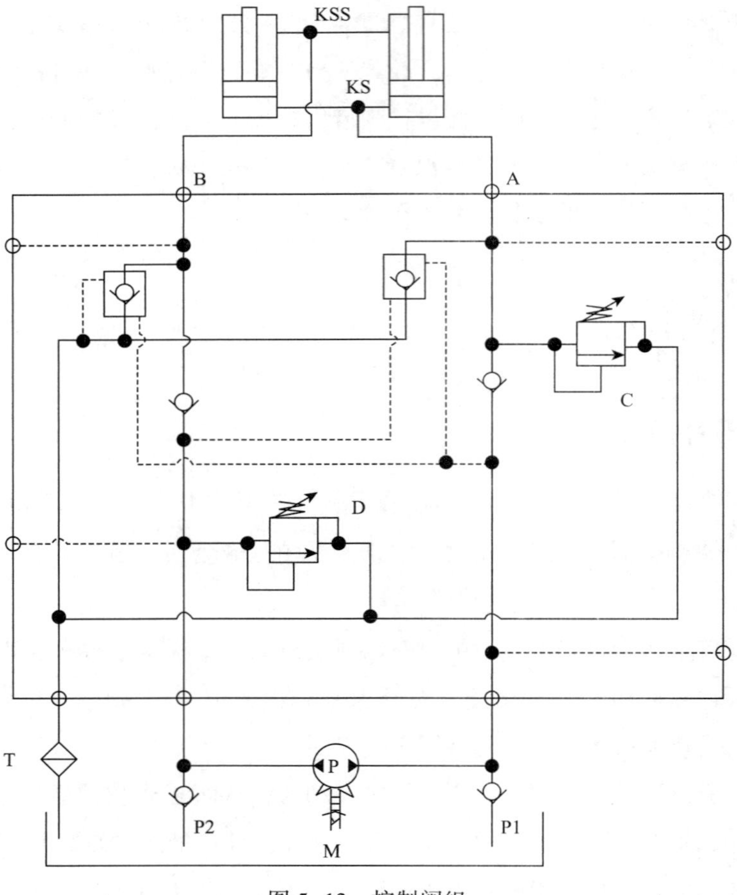

图 5-13　控制阀组

5.4.2　水下抓斗类型

水下抓斗主要为水下疏浚抓斗，是用于与起重船配套进行水下疏浚作业的一种专用抓斗。根据配套起重机的起升形式，分为四索、双索和单索的机械形式及液压传动形式。根据水下工况的不同又可分为：①用于挖泥清淤或抓鹅卵石的双瓣抓斗；②用于黏土碎石及板土挖掘的重型抓斗；③用于打捞及抓取大型石块的巨型打捞抓斗。

1) 单索双瓣抓斗

单索双瓣抓斗是直接挂在起重机吊钩上，如图 5-14 所示，靠吊钩的升降来完成抓斗的开闭动作。因此，使用单索双瓣抓斗不需要专用起重机(如抓斗起重机等)，就可以抓取各种散装物料、废钢等。单索双瓣抓斗工作时，单绳抓斗的开闭主要是通过滑移座、弹簧链、导向杆、托钩等零部件的运动来实现的。抓料时，张开的抓斗降到物料上后，钢丝绳继续下降使滑移座下滑，由于弹簧链的作用，托钩钩住导向杆上的卡块，当起升滑移座时，下横梁上升，颚板闭合。卸料时，满载斗被送到卸料场地，钢丝绳继续下降，使滑移座下滑一段距离，托钩失去对导向杆卡块的控制，在托钩尾部自重的作用下，托钩旋转脱离卡块，当滑移座再度起升时，在下横梁和物料自重的作用下，颚板张开。

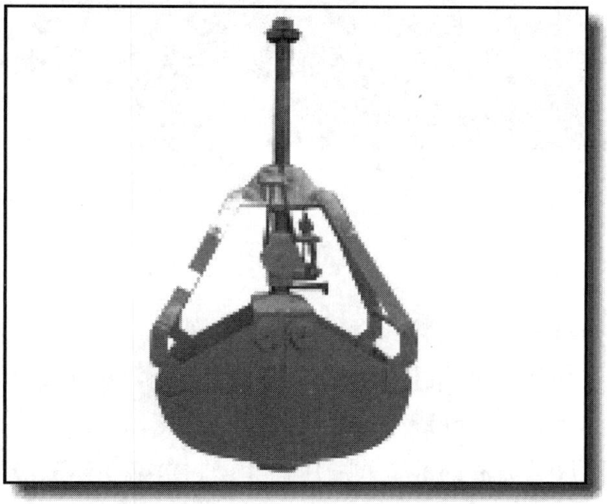

图 5-14　单索双瓣抓斗

2) 四索抓斗

四索抓斗配有两组电机卷筒(即电动葫芦)，如图 5-15 所示，每组卷筒引出两根钢丝绳，其中两根组成支持钢丝绳，分别安装在抓斗平衡架两端，另一组钢丝绳经过上横梁的滑轮与下横梁的滑轮，组成开闭钢丝绳，用于开闭斗部。开始工作时，支持钢丝绳将抓斗起吊在适当位置上，然后放下开闭钢丝绳，这时靠下横梁的自重迫使斗部以下横梁大轴为中心打开，当斗部开到两耳板的碰块相撞时，即到达最大极限。开斗时，上横梁滑轮和下横梁滑轮中心距加大，随后支持钢丝绳落下，将已打开的抓斗落在要抓取的松散堆积物上面，再收绕开闭钢丝绳，将上横梁滑轮与下横梁滑轮的中心距恢复到原有位置，这样就完成了抓取物料过程。在闭合的斗部里装满了物料后，提升开闭钢丝绳和支持钢丝绳，整个抓斗被吊起，经行车移动到所需卸料场地上，开斗卸下所抓取的物料。

图 5-15　四索抓斗

3) 巨型打捞抓斗

巨型打捞抓斗斗体背部采用开放式的结构形式，如图 5-16 所示，主要包括斗体、上横梁、下横梁、平衡梁和缠绕系统。工作时打捞抓斗的工作是通过一部分的抓取力以及斗体与被打捞件之间的摩擦力，达到最终打捞目的。

还有一种用于水下爆破清渣的蚌壳式液压抓斗，它包括斗体和液压缸，斗体重容比为 2~4，切削角为 10°~15°。因斗体重容比较高，线型设计合理，材质强度高而耐磨，故可用于水下流速小于等于 3 m/s 的爆破清渣作业，主要挖掘卵石、块石及蛮石，还可用于挖掘板结河床。

4) 单索液压抓斗

单索液压抓斗是由液压油缸控制开闭的抓斗。抓斗包括两瓣、多瓣、矩形等形式。液压系统有闭式油泵、双向旋转的开式油泵等驱动方式，控制着油缸的开闭，液压缸是液压

图 5-16　巨型打捞抓斗

抓斗最主要的组成部分。

如图 5-17 所示，单索液压抓斗工作时，上横梁 1 的上方有挂钩，挂钩与起重机相连，通过起重机，将液压抓斗送至水下物料抓取处，然后控制液压缸 2 正转，使活塞 3 向上运动，从而使齿轮 5 转动，最后带动抓斗 4 闭合；通过起重机，将抓满物料的液压抓斗升起，运至物料堆放处，然后控制液压缸反转，使活塞向下运动，从而使齿轮转动，带动抓斗张开，释放物料。通过以上操作，即可将水下的物料运至船上或者陆地上。

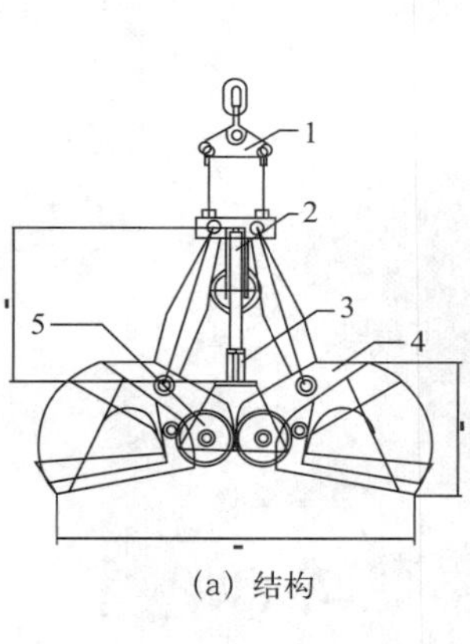

(a) 结构

(b) 实物

图 5-17　单索液压抓斗

1—上横梁；2—控制液压缸；3—活塞；4—抓斗；5—齿轮

5.5 水下挖沟机

水下挖沟机主要用于在海床上开挖指定深度和形状的沟槽，以保护电信、石化能源等方面的海底电缆管道和石油管道。目前，国外水下挖沟机的研究进展较快，相关技术较为成熟，国内正在进行深海水下挖沟机的研究和开发。

由于海域条件的不同，能够在任何海深、管径和海底地质环境下进行高质量和低成本挖掘的水下挖沟机很难实现，因此需要设计适用于不同海洋环境的水下挖沟机。水下挖沟机主要类型有水力冲射式挖沟机、机械式挖沟机和海底犁式挖沟机。

5.5.1 水力冲射式挖沟机

水力冲射式挖沟机(图 5-18)适用于近海或海滩地区海底沟槽的开挖，它可以挖掘较软的海床土壤，但对于松散的沙质海床施工效果较差。

水力冲射式挖沟机通常由机体、推进器、水泵喷射系统、疏浚系统和监控系统组成。水泵喷射系统由水泵和喷头等部件组成，从喷射系统喷出高速水流切削土壤可以完成水下挖沟任务。疏浚系统由空压机、排泥管和连接软管等组成，通过巨大的吸力将挖掘出的泥沙清除到沟槽外。海底土壤类型、挖掘速度和拖船功率决定了水力冲射式挖沟机的最大挖掘深度。水力冲射式挖沟机类型主要有滑动式射流挖沟机、牵引式射流挖沟机和自推进式射流挖沟机。

图 5-18　水力冲射式挖沟机

1) 滑动式射流挖沟机

滑动式射流挖沟机主要由开沟驳、滑撬、高压水泵、气举装置等部件组成。工作时，由开沟驳牵引着滑撬沿着管道前进，利用高压水泵产生的高压水和气举装置冲走管道下的泥沙，从而形成沟槽。

由于滑动式射流挖沟机的高压水和压缩空气需要从驳船上传输过来，因此驳船的锚泊和软管的控制比较复杂，挖沟机具有较大的体积和重量，不适合在沙质海床上工作。

2) 牵引式射流挖沟机

牵引式射流挖沟机配有水下电机，可提供水泵驱动力，同时采用抽泥泵排除管道下的泥沙，因此降低了驳船锚泊和软管控制的要求，但是其结构比较复杂，并且需要拖船提高前进动力。

3) 自推进式射流挖沟机

自推进式射流挖沟机不需要驳船提供牵引力，而是利用自身的动力装置驱动履带跨坐在管道上前行，具有重量轻、牵引力小的特点，但是由于异物容易进入推力引擎内，因此机械性能的可靠性不高。

5.5.2　机械式挖沟机

机械式挖沟机(图 5-19)主要适用于较深水域的海底沟槽开挖，利用机身上装载的旋转绞刀将泥土切碎并搅拌成泥浆后，再通过排泥泵排出沟外。机械式挖沟机前进的动力可以由动力船或拖船提供，也可以由自身动力驱动履带前行。机械式挖沟机作业水深较大，功率消耗小，能适应各种土质的海底环境，但机械结构复杂，可靠性较差。根据机械式挖沟机的工作原理，又可分为链式挖沟机、盘状旋削式挖沟机和柱状铣削式挖沟机 3 种类型。

1) 链式挖沟机

链式挖沟机上有 3 套切削系统，机架两侧各安装一套，用于挖沟，尾部安装另一套，用于清理沟形，其挖掘的沟槽通常是 V 字形的，且深而窄。因此，通常适用于挖掘泥沙海床上的沟槽。

2) 盘状旋削式挖沟机

盘状旋削式挖沟机的盘状旋转切削轮上安装有硬质合金切割齿，可根据海床的不同类型选择不同的刀具，如图 5-20 所示。因此，盘状旋削式挖沟机可用于在海底岩石上开挖海底电缆管道或小口径输油管道的填埋沟槽。

图 5-19　机械式挖沟机

图 5-20　SWT-1 盘状旋削式挖沟机

3) 柱状铣削式挖沟机

柱状铣削式挖沟机的机架上安装有柱形铣削刀具，底部有 4 对滚轮夹持在预先铺设的管道上，从而可以驱动滚轮，使得挖沟机沿着管道前进，并且利用 4 只浮球调节挖沟机的重量，以便于在不同土质上工作，如图 5-21 所示。

图 5-21　TigerShark 柱状铣削式挖沟机

5.5.3　海底犁式挖沟机

海底犁式挖沟机主要适用于深远海域和流沙的海底沟槽开挖，如图 5-22 所示。由于其具有安全可靠和稳定高效的特点，因此海底犁式挖沟机的研发受到极大的关注，其研发过程见表 5-3。

图 5-22　海底犁式挖沟机

表 5-3 海底犁式挖沟机的发展历程

时间	类型	研发单位	应用
1959 年	预开沟型海底犁	英国陆地与海洋工程有限公司	埋设近海及浅水域的小口径管道
1976 年	预开沟型海底犁	瑞士 R. J. 布朗联合公司与英国土壤机械动力公司 SMD	挖掘 150 m 深沟槽
1979 年	后开沟犁	不详	海底管道工程
1989 年	模块化犁系统 MPS	英国土壤机械动力公司 SMD	配置和填埋小直径柔性管道
1990 年	APP 配置预切割犁	英国土壤机械动力公司 SMD	挖掘和回填刚性及柔性管道，水深 1 000 m
1995 年	浅水、海滩水下挖沟装置	胜利石油管理局与上海交通大学	铺设浅滩管道，0. 8~15 m 深度
2004 年	多行程犁 AMP500，配置高压喷射系统	英国土壤机械动力公司 SMD	在异常坚硬的黏性海底土壤挖掘沟槽
2007 年	双重功能海底挖沟机	海洋石油工程股份有限公司与上海交通大学	开挖基础维修和开沟埋设管道
2010 年	多行程海底犁 VMP	英国土壤机械动力公司 SMD	远程可变多行程挖掘沟槽

1) 海底犁式挖沟机结构组成

海底犁式挖沟机主要由机械系统、液压系统、控制系统、监视系统和定位系统等部分组成。其中，机械系统是海底犁式挖沟机的主体部分，由机架、行走装置、转向装置、挖掘装置、抱管装置等部分组成。

(1) 机架：用于承载海底犁式挖沟机的其他各部分。

(2) 行走装置：包括深度和角度液压调节装置，如图 5-23 所示。其中，深度液压调节装置用于调节沟槽的挖掘深度，角度液压调节装置用于调节行走机构的俯仰角以适应海床环境。

(3) 转向装置：主要由机架及相关构件、转向臂和实现转向运动驱动的液压系统组成，如图 5-24 所示。转向装置用于调整挖沟方向，并且可与抱管装置协作以微量调整挖掘沟槽方向上的偏差。

(4) 挖掘装置：挖掘装置主要由左右犁体和相关的挖掘驱动液压系统组成，如图 5-25 所示。液压系统可控制犁体左右部分的关闭和张开，犁体的闭合动作用于挖掘沟槽，而犁体的张开动作用于抓取管道放入犁体腔内或放入已挖掘的沟槽中。

(5) 抱管装置：主要包括悬架、升降机械手和抱管机构，如图 5-26 所示。升降机械手用于提升管道到指定的高度。抱管机构用于紧固和支承管道，使其保持在指定的高度。

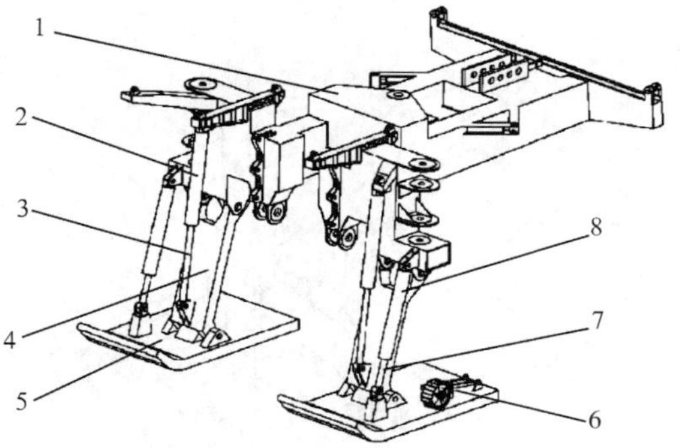

图 5-23　海底犁式挖沟机的行走装置

1—机架；2—深度调节装置的液压缸；3—深度调节装置的活塞杆；4—支撑柱；5—滑靴；6—测速轮；7—角度调节装置的活塞杆；8—角度调节装置的液压缸

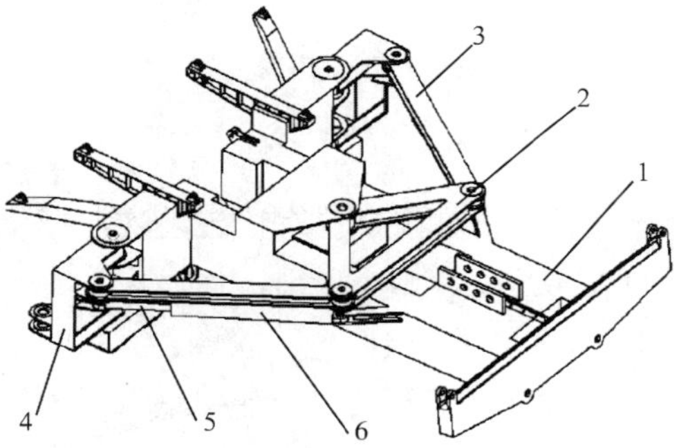

图 5-24　海底犁式挖沟机的转向装置

1—机架；2—三角架；3—连杆；4—转向臂；5—转向装置的液压缸；6—转向装置的活塞杆

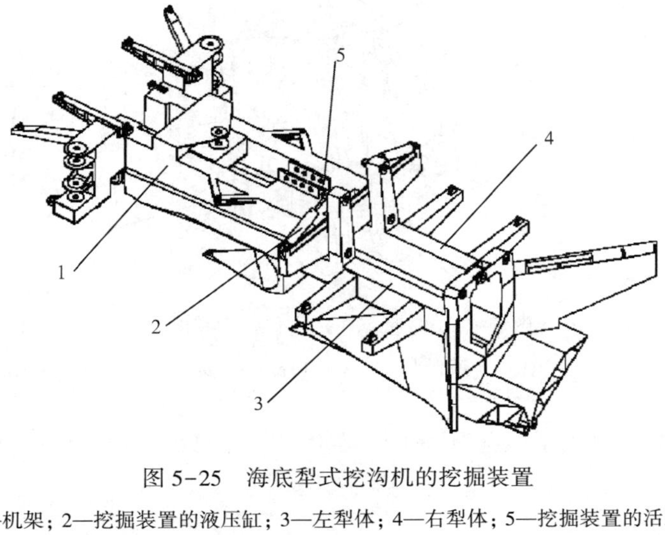

图 5-25　海底犁式挖沟机的挖掘装置

1—机架；2—挖掘装置的液压缸；3—左犁体；4—右犁体；5—挖掘装置的活塞杆

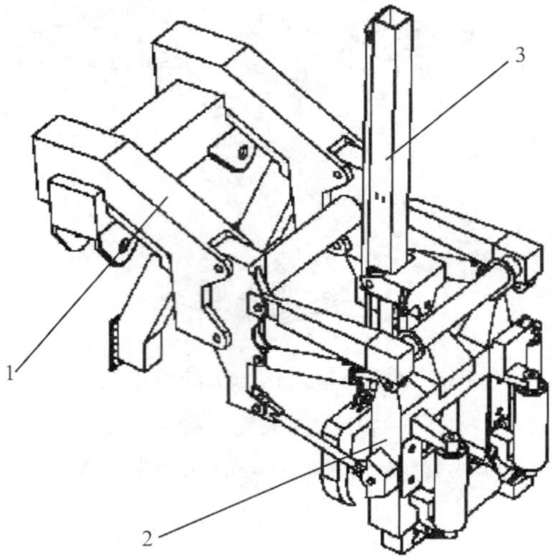

图 5-26　抱管装置

1—后悬架；2—抱管机构；3—升降机械手

(6)对接装置：通常由导引口、对接口、对接头及液压驱动系统组成，如图 5-27 所示。对接装置主要用于回收和布放海底犁式挖沟机。

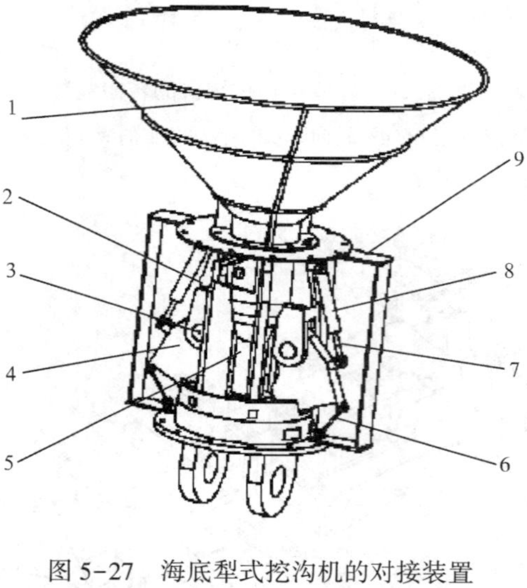

图 5-27　海底犁式挖沟机的对接装置

1—导引口；2—对接口；3—转轴；4—预紧块；5—对接头；6—弹簧；7—液压缸；8—活塞杆；9—保护箱

(7)浮力调节装置：用于根据海底土壤结构调节海底犁式挖沟机的浮力值，以避免陷入海床中。

2) 海底犁式挖沟机工作原理

海底犁式挖沟机通常在深海的流沙、岩石或黏土海床上挖掘沟槽。在挖掘沟槽前，海底犁式挖沟机会被深潜船、多用供应船和拖船运送到指定位置，利用液压装置驱动位于海底犁式挖沟机机体前后部位的升降机械手，抓取位于海床上的管道并提升到指定高度，随后抱管装置合拢，升降机械手松开，挖沟机尾部的犁铧形成所需沟槽的形状，在拖船的牵引下，支承在雪橇式行走装置上的犁铧在管道下方挖掘沟槽，随着管道保护沟槽挖掘的行程的推移，管道渐次被放入已挖掘的保护沟槽中，并通过回填犁进行掩埋，从而使管道安全稳固地放置在海床里。

思考题

1. 简述挖泥船的类型及工作原理。
2. 简述挖泥机耙头结构和工作原理。
3. 简述单索液压抓斗结构及工作原理。
4. 简述挖沟机的类型及特点。

第6章　水下连接机械

6.1　概述

水下连接机械主要包括水下连接器和水下对接装置。水下连接器是水下生产系统中一个不可缺少的设备，将各种水下生产装备安装到深水之后，依靠水下连接设备和技术，才能使水下采油树、水下管汇、水下井口、海底管线以及水下油气处理设备连接起来，组成一套设备齐全、功能多样的水下生产设备。

水下对接装置用于使潜水器与水下作业平台或使两潜水器的两个独立舱室连接成为一个整体，从而实现人员、物资的输送。常用的两自由度转裙对接装置具有对接方式机动灵活、对接适应性强的特点，能以最佳的位姿进行对接。带有转裙的潜水器能与水下作业平台进行人员及物资交换和对失事潜艇的援潜救生。

随着人类对空间和海洋探索开发的不断深入，对接装置被广泛应用于空间和水下作业。目前，国内外对水下对接技术的研究主要集中在援潜救生、水下机械手自动对接手腕、自主式潜水器与水下基站对接实现能量补给等方面。

6.2　水下连接器

6.2.1　水下连接器简介

在深水油气开发过程中，水下生产系统是不可或缺的一部分，它主要包括管汇设备、水下井口、采油树等。这些设备可以汇集所挖掘的油气资源，利用立管等设备运输到平台，其中，有一些水下设备还可以对油气进行处理，如对油气进行除砂、水分离等操作，使油气资源更容易运输。一般情况下，水下所有生产设备都是依靠跨接管和海底管线连接在一起的。

水下连接器主要用于连接水下设备和管道，浅水油气田设备常用的连接方式是用法兰和螺栓连接，由潜水员进行操作，但是深水油气田设备的连接却很难依靠人工完成，需要利用无人遥控潜水器(ROV)。由于螺栓法兰的连接过程十分复杂，而且连接时的对中难度比较高，ROV 无法完成某些操作，因此还需要使用专用的深水水下连接器。现在，已经有许多外国公司具备了相关技术的设计能力和制造技术，产品的种类也日益丰富，凭借其雄厚的资金和高端技术，占有了大部分的市场份额。而我国的水下资源开发技术发展较晚，水下连接器制造涉及的焊接技术、精密加工技术和相关的测试技术需要大量的设备和资金，因此水下连接器仍需依靠进口。

水下连接器除用于石油开发领域外，还可用于海底通信领域。深海水密连接器和海底电缆起到了连接和传输信息的重要作用，水下连接器作为传递信号和动力传输的关键设备，承担着光电信号传送和电能传输的重任，同时还有机械连接的作用，这对节点的技术要求十分高，不容许有漏洞，而对于水下即插即拔连接器有着更高的要求，必须有更高的技术指标和更高的使用要求。水下连接器使用方便，操作环境限制比较少，还可以配合潜水器在深海进行拔插使用，有着更高的实用性，如图 6-1 所示。

图 6-1　水下连接器

6.2.2　水下连接器类型

水下连接器主要有卡爪式连接器、卡箍式连接器及螺栓法兰式连接器三种形式，这三种连接器各有优缺点，可根据具体的应用场合选择不同的连接形式。

1) 卡爪式连接器

卡爪式连接器的开发时间比较早，是一种使用十分广泛的连接器，如图 6-2 所示。卡爪式连接器利用一个特殊制造的卡爪，抓合在法兰上，从而使法兰能够紧密连接。卡爪式连接器分为垂直式和水平式两种结构。卡爪式连接器具有连接速度快且连接稳固、ROV操作方便快捷、可用ROV种类多、对误差容忍能力强等优点。国外生产厂商主要有FMC、Cameron、Aker Solutions、Vetcogray以及Oil States等，所提供的相关产品可以承受高达103.42 MPa的压力，应用水深可以超过2 000 m。

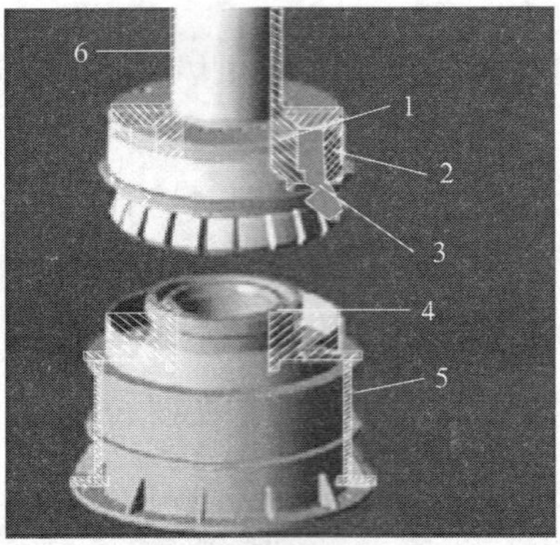

图6-2　卡爪式连接器

1—连接器主体；2—执行环；3—筒夹关节；4—轮毂；5—对准结构；6—跨接管线

2)卡箍式连接器

如图6-3所示，卡箍式连接器也是一种使用非常广泛的连接器。卡箍式连接器利用一个卡箍，轴向夹紧在法兰两端，从而实现管道的连接和密封。卡箍式连接器的结构相对简单，使用面比较广，安装方便，连接比较可靠，所以不但可以连接海底管道，也可以连接海底电缆。另外，卡箍式连接器既可用于水平管道的连接，又可用于垂直管道的连接。

图6-3　卡箍式连接器

3) 螺栓法兰式连接器

如图 6-4 所示，螺栓法兰式连接器主要应用于浅水管道的连接，依靠操作人员潜入水下进行连接，法兰之间的连接方式通常是螺栓连接。但在人不能直接进入并且操作的深水环境中，连接管道比较困难，不能保证维修的快速性，因此，螺栓法兰式水下连接器在深水环境下应用较少。现在，国外一些公司已开发出能在无人情况下实现连接的螺栓法兰式连接器。

图 6-4　螺栓法兰式连接器

6.2.3　水下连接器结构及性能参数

海洋深水连接器由支撑垫、连接垫、铜套、密封圈、缆芯、连接管、连接法兰和底盖组成。端接方式为点锡焊接，连接方式为卡口连接，安装方式为法兰式，连接操作后由槽进行定位。卡扣由深海潜水器卡入后，缆芯凹凸插入配合即可，如图 6-5 所示。

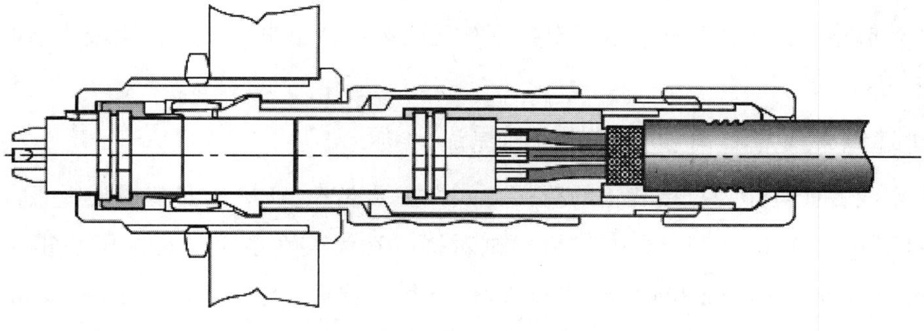

图 6-5　连接器卡扣卡紧后示意图

XG 系列产品连接方式为螺纹或卡口连接，使用方便，可快速插拔，缆芯为高强度 316 不锈钢，具有抗强酸、碱腐蚀、宽温度环境和高压特点，在海洋设备、石油和铁路领域得到广泛应用，可用于深海勘探、深水潜水器、深水摄像、水下作业的各种电气设备和电气测试台。

(1)电气参数：工作电压 300~1 500 V，工作电流 5 A，接触电阻小于等于 10 mΩ，接触性(针)直径 1~10 mm。

(2)机械参数：正弦振动 10~2 000 Hz，加速度 147 m/s^2，碰撞的加速度是 400 m/s^2，80 次/min。

(3)环境参数：密封性，耐压大于等于 10 MPa，防护等级为 IP68，连接器工作水深大于 10 m，浸水 2 周。

(4)环境性能：工作温度-55~125℃，耐盐雾(弱酸碱液体中 2 h 无锈蚀)，端接方式为点锡焊接，连接方式为卡口连接，安装方式为法兰式或螺纹式，操作适宜性槽定位。

6.3 水下对接装置

21 世纪以来，人类在海底的活动越来越多，对海洋的开发力度不断增加，使得各种水下设备的需求量也相应增大。在海洋开发和救生方面，水下对接技术有着广阔的应用前景，水下对接技术已经成为海洋开发的关键技术之一。

6.3.1 水下对接方法和装置

水下对接是水中两个独立的舱室对接密封后连接成为一个整体，它包括结构上的连接和两者间的密封，被广泛应用于水下作业。水下对接技术还存在着很多的不足及困难，需要进一步探索和解决。

6.3.1.1 水下对接方法

在水下对接方法中，自主式潜水器(AUV)的对接系统受到了科学界的关注。针对不同潜水器的外形特点，各式各样的水下对接系统陆续被设计出来。其中，比较典型的对接方法主要有以下三类。

1)通过绳索或者杆类作为对接目标完成对接

以绳索或者杆类作为对接装置的对接方式，主要是在 AUV 上安装捕捉绳索，其最大优点是 AUV 可以在水下 360°全方位地尝试对接。其代表性系统是美国伍兹霍尔海洋研究所(Woods Hole Oceangraphic Institution, WHOI)和麻省理工学院(Massachusetts Institute of Technology, MIT)联合研制的 Odyssey ⅡB AUV 水下对接系统，如图 6-6 所示。AUV 上的对接机构由两部分组成，其中 V 形剪用来捕捉位于基站的对接杆，弹簧触发机构则用来锁定对接杆，这种对接方式可使 AUV 在距离对接目标 1 m 之外就能捕获到对接杆。对接成功后，AUV 可在基站补充能源并与基站进行数据交换。

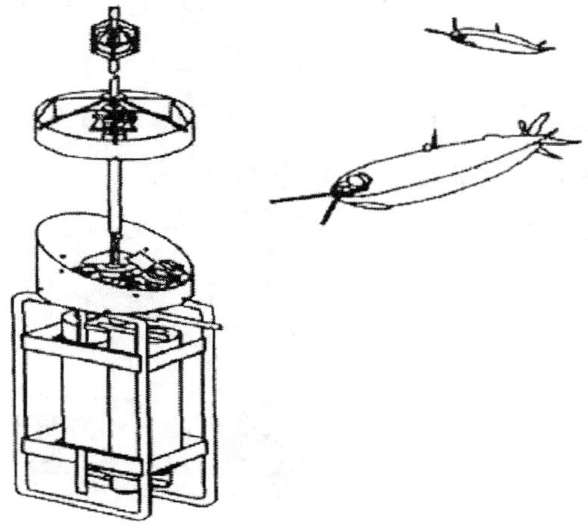

图 6-6　Odyssey ⅡB AUV 水下对接系统

2）使用引导装置完成水下对接

具有圆锥导向罩的对接系统结构比较简单，适用于鱼雷形的 AUV 进行对接操作，其代表性系统为 REMUS 对接系统，如图 6-7 所示。该种对接方式在 AUV 完成对接后，可以在对接舱内为 AUV 提供能源补给和数据交换，而且不受海洋环境的影响。然而这种对接方式对 AUV 要求较高，要求 AUV 须有很好的操纵性能和运动控制能力，以避免在水下对接过程中因海流影响而造成对接失误。

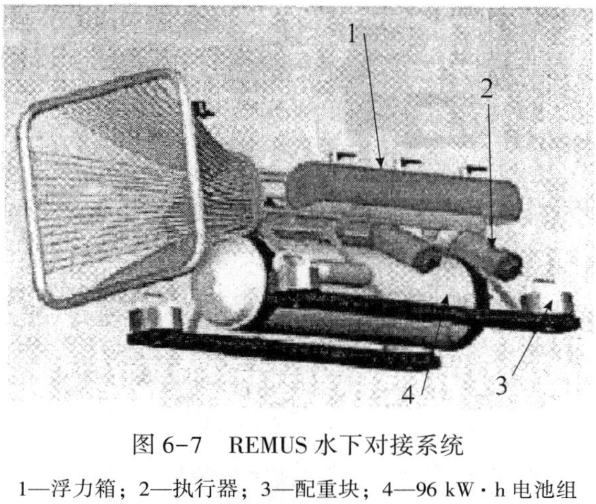

图 6-7　REMUS 水下对接系统

1—浮力箱；2—执行器；3—配重块；4—96 kW · h 电池组

3)使用水下平台实现落座式对接

落座式对接适用于AUV和水中平台或者海底平台对接，其代表性系统是日本川崎重工的Marine-bird AUV水下对接系统。日本科学家提出的这种AUV和水下平台的对接方式与舰载机着陆时的拦截减速系统相似，利用带有挂钩的潜水器去钩取对接装置上的减速缆绳，实现对接平台的捕捉，并通过AUV前端的挂钩完成对接固定。该种AUV借助水声定位完成导航，当AUV距离对接平台较远时，根据声学信息调整姿态，对准平台缓缓下降，利用AUV的两个捕捉臂捕捉对接平台上的V字形定位装置，然后调整艏向和侧向降落在对接平台上，通过AUV和对接平台上的锁定机构实现AUV的最终定位。该对接系统于2003年完成海试，其具体结构如图6-8所示。

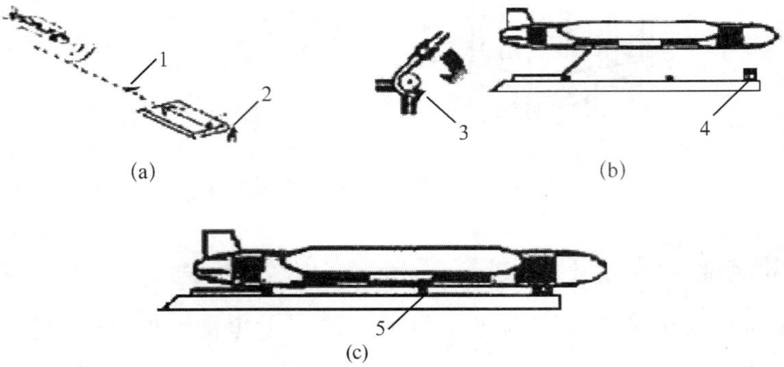

图6-8　日本Marine-bird(AUV)水下对接系统

1—对接路径；2—应答器；3—捕获点；4—对接设备；5—对接感应设备

6.3.1.2　水下对接装置的种类

20世纪90年代初，国外研究人员针对水下对接技术进行了深入研究，早期水下对接装置采用了固定式对接裙，其结构简单。现代水下对接装置采用转动式对接裙，其裙口自身可调节一定的倾角，对接方式机动灵活、对接适应性强，且不必要求对接设备有过大的纵横倾角，降低了对接难度，减少了对接时间，提高了水下对接的成功率。

针对潜水器与水下作业平台或使两潜水器的两个独立舱室连接成为一个整体的水下对接装置，水下对接装置包括以下三种。

1)美国Mystic号固定倾斜裙对接装置

Mystic号是洛克希德公司于1966年建造的一个深潜救生艇，它可在水中调整船的姿势，如图6-9所示。1970年，洛克希德公司推出DSRV方向潜艇，DSRV对接装置由尾部的裙体、裙体液压绞车、四爪锚、八缸液压缓冲环、救生平台、刚性吊钩吊环和机器人组成。DSRV的主推进器在尾部，前侧和后侧还各有一个推进器。救生艇配备姿态控制系统，其内部有三个相同压力的压球，中部和后部的压球容纳救出的船员。

图 6-9　美国 Mystic 号

2) 英国 LR5 型固定裙摆与楔形模块对接方式

英国 LR5 型有固定裙摆样式与楔形模块两种对接方式，如图 6-10 所示。固定裙口可对接潜水器，它添加了倾斜的楔形块，以便具有海底逃生口和一定的角度调整余量。LR5 型可以提高工作倾斜 15°，增加了工作范围。LR5 型对接裙口可以吸附潜艇逃生舱口盖的漏水，然后将空气中的压力调整到微型潜艇内的空气压力，微型潜艇和潜艇打开门，完成两者之间的对接，抢救被困人员。

(a) LR5型深潜救生艇外形

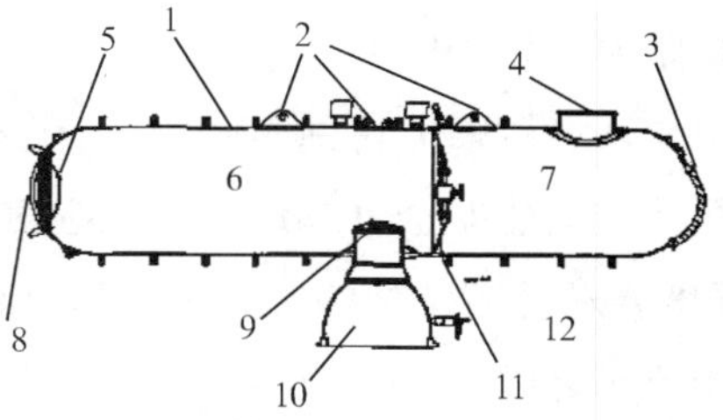

(b) LR5型深潜救生艇布置图

图 6-10　英国 LR5 型深潜救生艇

1—柱形外壳；2—起吊点；3—观察窗；4—4#舱口；5—5#舱口；6—援救舱；7—驾驶舱；8—2#舱口；9—1#舱口；10—对接裙口；11—防水壁；12—3#舱口

3) 澳大利亚 REMORA 号双接头对接装置

REMOR 号救生艇是由加拿大 Hard Suits 公司设计和建造的，如图 6-11 所示，具有体积小、反应快、操作灵活的特点。该艇装备的对接裙体由上、中、下三个部分组成，形成两个可旋转关节，从而使对接裙口具有高达60°的倾斜角度，以控制船体的水平状态，进行长时间的水下对接工作，减少对接时调整姿态的时间和操纵的难度。

(a) REMORA号深潜救生艇

(b) REMORA号对接裙口

图6-11　澳大利亚REMORA号

6.3.2　水下对接装置性能要求

根据援潜救生作业的一般过程和目前的技术条件，水下对接装置应满足以下要求：①能够缓冲救生艇与失事潜艇的冲击碰撞，保证对接过程和对接装置的安全；②具有主动搜索、初连接的能力，能适应救生艇动力定位误差及海流较大、能见度低等恶劣海况条件；③应具有自动进行调整对中、升降功能，降低操作人员的作业强度，同时提高效率；④具有密封和锁定功能，使对接后具有可靠的密封和连接刚度；⑤具有重复对接和脱离的能力，同时还需要考虑应急解脱的要求；⑥对接机构应不影响人员通过对接裙，而且要重量轻、结构紧凑，便于安装和维护。

转裙工作环境压强需达到10 MPa，在工作过程中，外载荷会引起结构内部的应力变化，为了保证转裙能安全可靠地工作，应使转裙满足强度、刚度、稳定性等要求。

(1)强度要求：零件中的应力不得超过允许的限度，结构在外载荷作用下的应力，应确保在许用范围之内。

(2)刚度要求：零件在工作时所产生的弹性变形不超过允许的限度，即结构在外力作用下能保持住原来的几何形状，如产生过量的变形会使得结构无法正常工作。

(3)稳定性：在有压力的情况下，零件有时会改变原来的平衡状态并出现显著的变形，甚至使结构完全丧失承载能力，所以，除了应保证有足够的强度和刚度外，同时要使结构处于稳定平衡状态。结构的稳定性与载荷大小、几何尺寸、材料性质以及约束情况等因素有关，通常以载荷的大小作为衡量稳定性的依据。当结构处于平衡状态(载荷较小)时，结构相对稳定，受到外界干扰时会出现一些附加变形，但当外界干扰消除后，能恢复到原来形状的平衡状态。当结构处于临界状态(载荷增大到一定程度)时，从平衡状态到不稳定状态的过渡，结构不会长期处于不稳定状态。

6.3.3　水下对接装置工作原理及结构组成

1) 活动转裙的工作原理

如图 6-12 所示，活动转裙由固定裙、方位裙、角度裙三部分组成。固定裙固定在救生运载器上，呈圆柱形。方位裙和角度裙是由一个球形壳体被一倾斜的法兰切开，从而形成两个相同半径的球台。其中，方位裙可绕轴 Ⅰ 转动，角度裙可绕轴 Ⅱ 转动，轴 Ⅰ 和轴 Ⅱ 之间的夹角为 γ。轴 Ⅱ 是方位裙和角度裙接触面的法线，所以其接触面与水平面呈 γ 角。

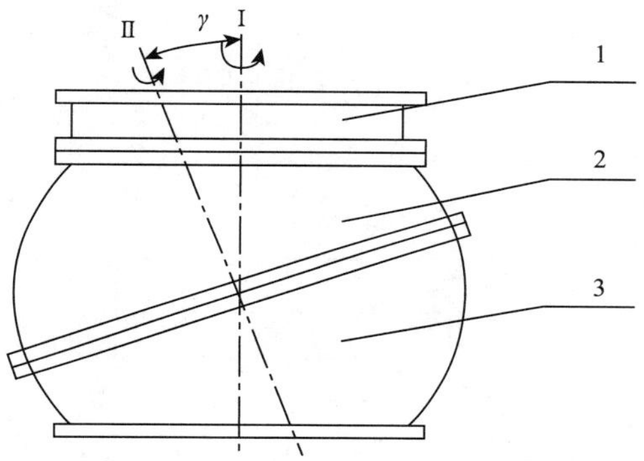

图 6-12　活动转裙基本原理

1—固定裙；2—方位裙；3—角度裙

图 6-13 表示方位裙和角度裙转动时，对接裙口平面实现方位与角度调整的情况。固定裙用于连接球形壳体与救生运载器。方位裙可调整角度裙对接裙口平面倾角的方向，通过绕轴 Ⅰ 转动来调整 γ 角的方位。角度裙可调整倾角的大小，通过绕轴 Ⅱ 转动实现角度裙接口平面 0° 至 2γ 的倾角。通常失事潜艇的纵、横倾角处于 0° 至 2γ 的范围内，因此，通过方位裙和角度裙的共同调节，可保证对接裙口在 0° 至 2γ 范围内的各种角度对接，让救生运载器在对接时处于水平位置状态。

2) 活动转裙的结构组成

如图 6-14 所示，活动转裙主要由连接法兰 1、固定裙 2、关节 1 内环 3、固定裙壳体 4、关节 1 驱动 5、方位裙 6、方位裙壳体 7、关节 2 内环 8、关节 2 驱动 9、角度裙 10、对接裙口 11 等零部件组成。连接法兰通过螺栓连接救生运载器与固定裙。关节 1、关节 2 上装有驱动马达以驱动方位裙和角度裙，可调整对接裙口的方位角与对接裙口的角度，以适应各种倾角的对接要求。

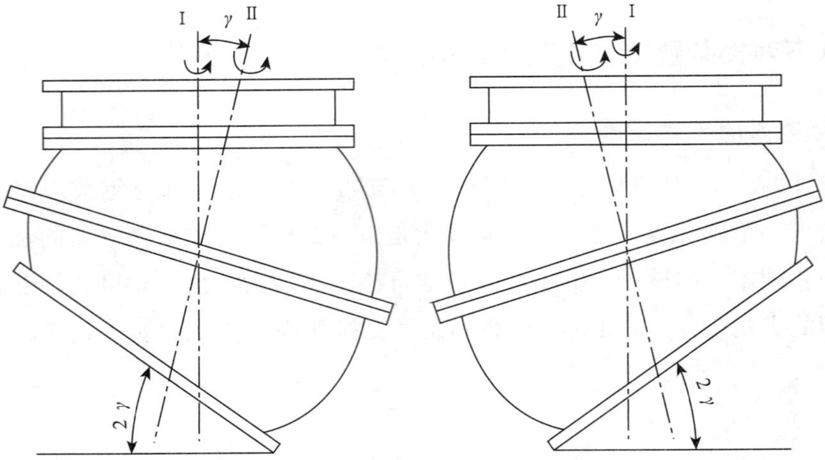

图 6-13　裙口对接平面的调整

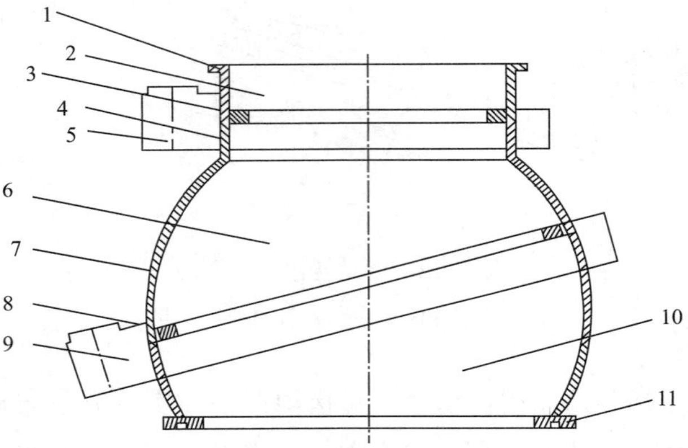

图 6-14　活动转裙的结构简图

1—连接法兰；2—固定裙；3—转动关节 1 内环；4—固定裙壳体；5—转动关节 1 驱动；6—方位裙；7—方位裙壳体；8—转动关节 2 内环；9—转动关节 2 驱动；10—角度裙；11—对接裙口

对接转裙的关节结构如图 6-15 所示。由于对接转裙的转速低、润滑条件差，为了使结构简单、加工方便，转裙关节的传动采用渐开线圆柱齿轮传动方式。齿轮传动具有传动效率高、承载能力大、使用寿命长、传动精度高等特点。采用对称的双马达驱动方式，解决了关节转动时径向力的不平衡问题。

针对转裙的制动、定位以及传动稳定等问题，活动转裙对接装置选择液压系统驱动，采用液压机械制动方式。采用带有液压机械制动器的液压马达，能迅速准确地制动，保证转裙转动角度的精确性。液压系统中采用调速阀的进口节流调速回路，保证了启动及制动的平稳性。

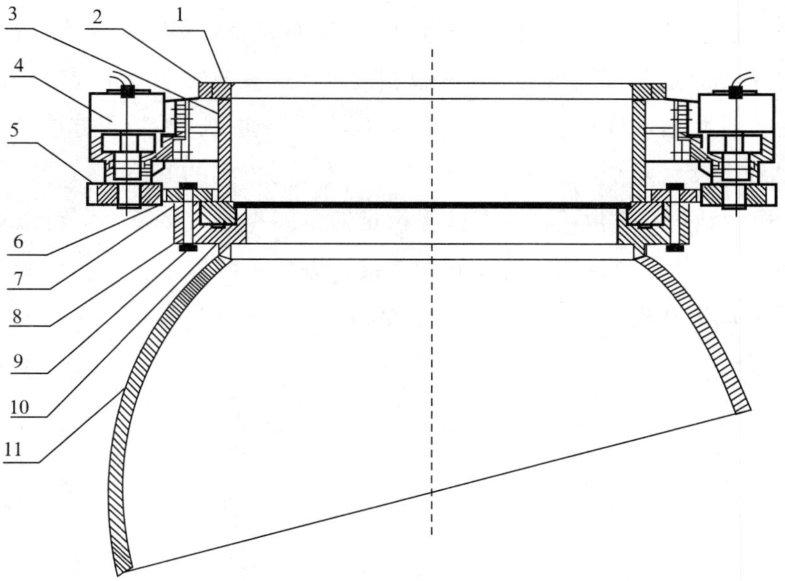

图 6-15　对接转裙的关节结构

1—固定裙上法兰密封圈；2—固定裙上法兰；3—固定裙耐压圆柱壳；4—液压马达；5—小齿轮；6—大齿轮；7—间隙调整垫片；8—固定裙下法兰；9—方位裙上法兰轴向密封圈；10—方位裙上法兰；11—方位裙耐压球壳

对接转裙关节的工作过程如下：①液压马达 4 带动小传动齿轮 5 旋转，小传动齿轮 5 与固定在方位裙上的大齿轮 6 啮合传动；②大齿轮 6 为一外齿圈，且与方位裙通过螺栓固接，在大齿轮 6 的带动下，方位裙转动，实现运动传递及降速增扭的功能。

(1) 固定裙的结构。固定裙为救生运载器与方位裙中间的过渡部分，如图 6-16 所示，可在垂直方向上延伸转裙尺寸，为裙体与救生运载器连接创造一定的空间，固定裙上的托板能固定关节处传动动力的液压马达。

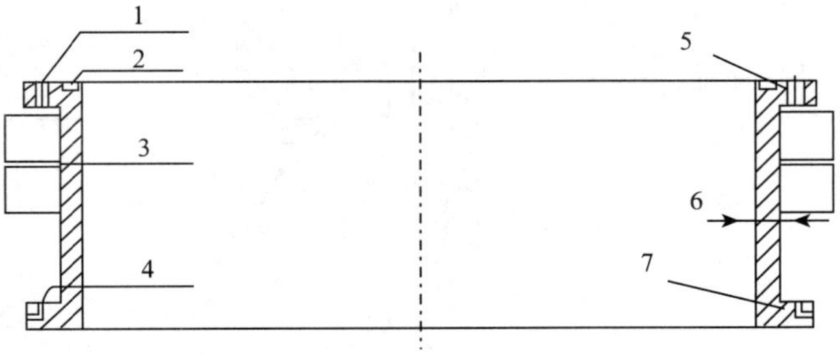

图 6-16　固定裙示意图

1—螺栓孔；2—环形凹槽；3—马达托板；4—导油孔；5—上法兰；6—壁厚；7—下脚盘

固定裙与救生运载器通过上端法兰连接。法兰平面上有环形凹槽，能嵌入 O 形密封圈。螺栓孔插入螺栓使连接紧固。螺栓拧紧产生的预紧使 O 形密封圈受压变形，完成密封。

工作时，下端脚盘与方位裙的上端转盘相配合，是关节转动中重要的一部分。下端脚盘处开有导油孔，润滑油通过大齿圈上的注油孔注入导油孔，并随着方位裙的转动注满导槽，使润滑油充分接触整个旋转平面，能减小旋转接触面间的摩擦。

(2)方位裙的结构。方位裙可为对接提供足够空间，使人员及物资可以在其内部顺利通行，如图 6-17 所示。方位裙与角度裙相连接，方位裙绕轴 I 转动，可调整裙口倾角方向。液压马达的固定托板固定在球壳上。下端脚盘与水平面呈夹角。

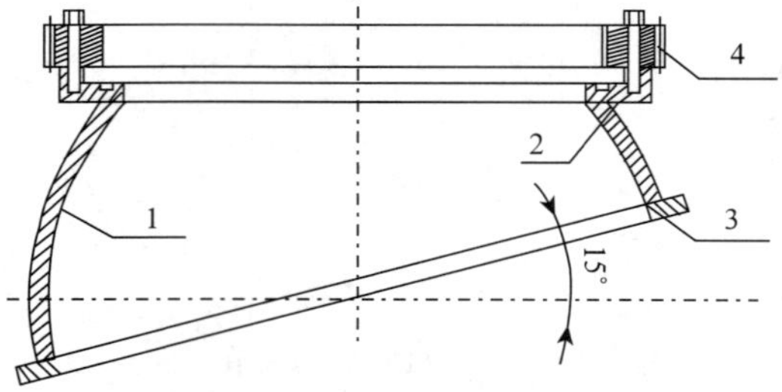

图 6-17　方位裙示意图

1—球壳；2—转盘；3—脚盘；4—大齿圈

转动关节 1 与对接转裙两转动关节的结构类似，工作方式相同，如图 6-18 所示。以固定裙和方位裙之间的转动关节为例，大齿圈与上转盘开有螺栓孔，二者通过螺栓连接，上转盘与固定裙下脚盘相配合，形成一个转动副。

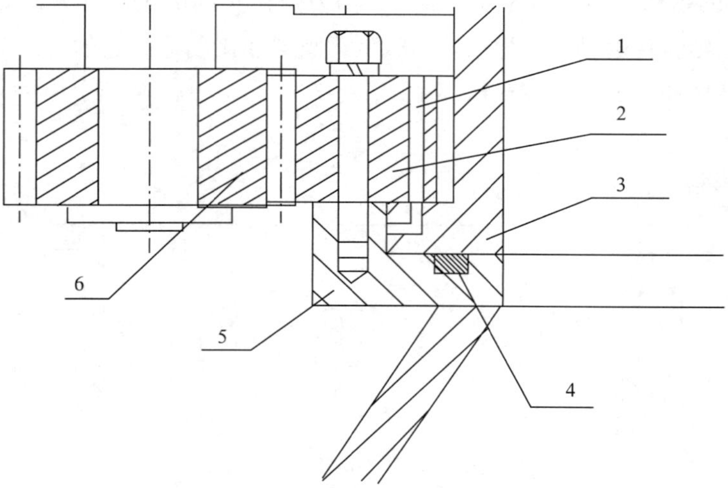

图 6-18　转动关节结构示意图

1—注油孔；2—大齿圈；3—下脚盘；4—密封圈；5—转盘；6—小齿轮

当转裙处于受压状态时，转盘与下脚盘在压力作用下紧密贴合，密封圈受压变形。当转裙内部的水彻底被排净时，由于内外压差作用，此时关节没有相对运动，关节的密封为纯静密封。转裙处于非受压状态时，因重力作用使得下脚盘与转盘中间缝隙拉大。此时上齿圈相当于挡圈，摩擦面为下脚盘的上平面与大齿圈下平面。为减少摩擦系数，可在脚盘的上平面焊不锈钢层后经过铣削及磨削加工，使其表面光滑。齿圈上开通注油孔，可以压注润滑油到工作表面中，减小转动摩擦系数。此状态下密封圈不会受力变形，因此不密封。

(3) 角度裙。角度裙是唯一与对接目标相接触的部分，可绕轴Ⅱ转动，调整裙口倾角的大小，并完成与目标的密封连接，如图 6-19 所示。

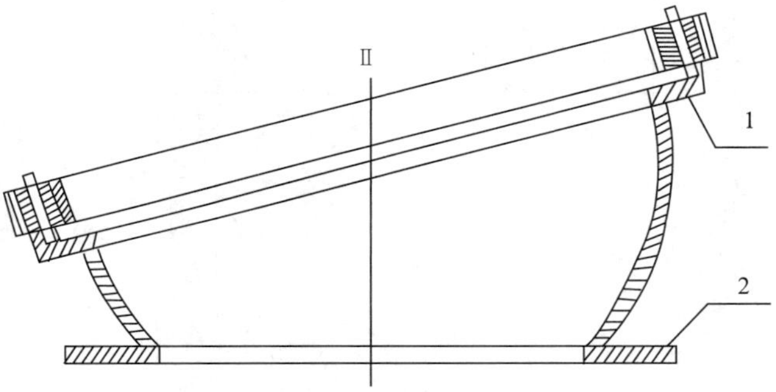

图 6-19　角度裙示意图

1—转盘；2—底盘

转动关节 2 由角度裙上转盘与方位裙脚盘、大齿圈、螺栓等组成，其具体结构及工作方式与转动关节 1 相同。上转盘与水平面成夹角，中间部分为下半球壳，底部密封盘能与对接目标密封连接。

与目标进行对接时，转裙自身先调整好在水中的位姿，依靠救生运载器的机动能力，使密封盘与目标相接触。然后排水系统开始排水，使裙内与裙外形成压差。密封盘与目标之间的连接与紧固全部依靠密封后内外压差的作用。

3) 转裙液压系统

在同样的传动条件下，液压传动装置有体积小、质量轻、结构紧凑、输出力矩大、传动平稳、定位精度高等诸多优点。液压传动在运行过程中能实现无级调速，调速范围比可达(100：1)~(1 000：1)。其过载保护功能，能在系统超负载时让油液经溢流阀流回油箱。转裙的液压系统工作原理如图 6-20 所示。

转裙液压系统由以下部分组成。

(1) 液压源：储存有一定量的油液，为整个液压系统供油。

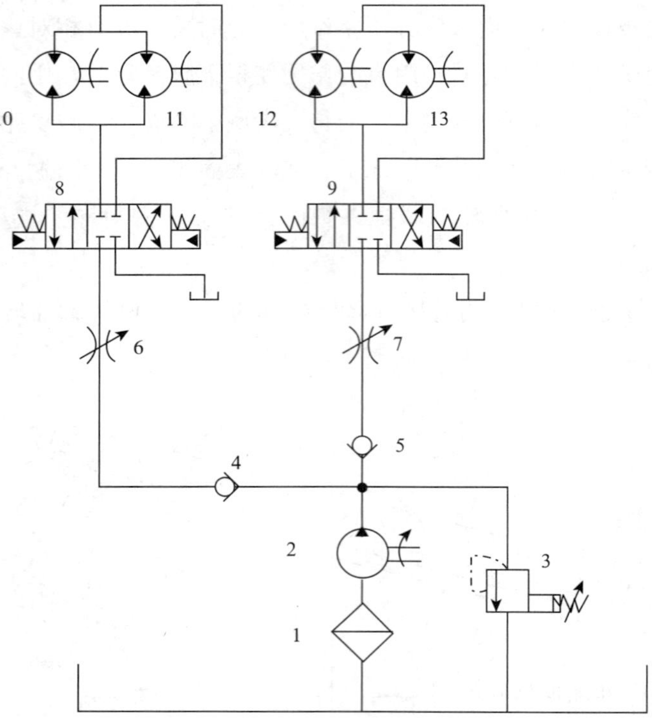

图 6-20　转裙液压系统工作原理图

1—液压源；2—液压泵；3—溢流阀；4、5—单向阀；6、7—节流阀；
8、9—电磁换向阀；10、11、12、13—液压马达

(2) 液压泵：将机械能转换成液体的压力能，为整个液压系统提供动力。

(3) 溢流阀：主要起定压溢流作用，定压功能可维持系统压力近于恒定，溢流功能可使系统中多余的流体溢回油箱。

(4) 单向阀：仅允许流体向一个方向流动的方向控制阀。

(5) 节流阀：主要作用为调节输出流量。

单向阀与节流阀、溢流阀配合组成三种节流调速系统，即进油节流调速系统、回油节流调速系统和旁路节流调速系统。溢流阀与节流阀组合，能补偿因负载变化而引起的流量变化。

当工作时，液压源 1 与液压泵 2 提供一定油液与压力到液压系统中，在溢流阀 3、单向阀 4、5 与节流阀 6、7 的配合下，使油液具有一定的压力与速度。电磁换向阀 8、9 实现液压马达 10、11、12、13 的正转、反转与停止。

4) 密封

密封是指防止流体或固体微粒从相邻结合面间泄漏以及防止外界杂质如灰尘与水分等

侵入机器设备内部的零部件或措施。密封可分为静密封和动密封两大类，根据工作压力，静密封又可分为中低压静密封和高压静密封。泄漏是指密封处不应该流出或漏出的物质或流体，流出或漏出机械设备以外的现象。泄漏会影响设备的正常运转、工作效率及使用寿命。

O 形密封圈主要用于静密封和往复运动密封。当用于旋转运动密封时，仅限于低速回转密封装置。

对接转裙的密封联接是靠转裙内外的压差来完成的，若密封失效则会引起内外压差降低，从而导致密封继续失效以及连接失败。转裙在密封时，关节处不运动，属于静密封。由表 6-1 可知，该对接转裙的密封属于中高压密封。

表 6-1　密封压力分级

压力分级	低压	中压	中高压	高压	超高压
压力范围/MPa	0~2.5	2.5~8	8~16	16~32	32 以上

密封沟槽有矩形、三角形、Y 形、燕尾形、半圆形、斜底形等，可根据不同的使用条件进行选择。转裙直径较大时，可采用矩形沟槽，加工简便。Φ14 mm 的 O 形密封圈，其具有较好的尺寸稳定性和保持自身特性的性能，如图 6-21 所示。

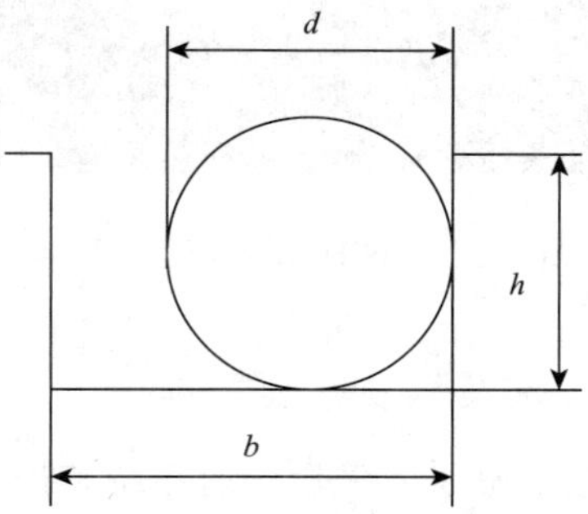

图 6-21　矩形沟槽

d—O 形密封圈截面直径；*h*—密封沟槽深度；*b*—密封沟槽宽度

6.3.4　水下机械手对接装置

水下机械手是潜水器在水下进行作业的重要设备，它与潜水器一同问世，在海底打捞作业中起着重要的作用。

水下机械手成功打捞了很多贵重的物品，20 世纪 60 年代中期的“里雅斯特”号潜水器机械手将 1963 年沉没的美国潜艇“长尾鲨”号的一部分打捞了上来；60 年代后期美国潜水器“阿尔文”号和“阿鲁名诺”号借助于机械手在西班牙沿岸 900 m 深的水中打捞起了落水的氢弹；水下对接机械手承担着深海救难的作用，它通过深海救生艇与失事船只的对接救出遇难的艇员。

国内外还将水下对接技术的研究应用在援潜救生作业中，通常是利用机械手、爪钩等辅助装置实现水下援救潜艇和失事潜艇的对接，以输送人员和物资。图 6-22 所示为哈尔滨工程大学的 DSRV(deep submarine rescue vehicle)模型及对接装置，此对接装置采用了固定裙与机械手相结合的方式，工作时调整 DSRV 的姿态，使裙口与失事潜艇接口对接，然后通过机械手将 DSRV 与潜艇锁定。在裙口与潜艇的对接过程中，常受到环境及 DSRV 自身控制能力的限制。为提高对接能力，可采用活动转裙的对接形式，通过调节转裙的角度，减小对接过程中 DSRV 的纵横倾角。

图 6-22　DSRV 救生艇实验装置

1) 水下机械手对接装置特点及主要组成

水下机械手对接装置由对接机械手、液压伺服系统和控制系统三大部分构成。对接机械手主要用于在对接过程中准确找到要对接的平台及其精准位置，液压伺服系统用于提供动力给对接机械手，控制系统是对于整个对接过程中的所有行动进行综合管理。对接机械手是整个工作中的主要设备，有着严格的设计要求，如对接过程中机械手所要求的自由度、机械手运动过程中液压装置的控制以及对接时的摆动角度及行程。

水下机械手对接装置结构由以下几部分构成，如图 6-23 所示。

(1) 机动艇。机动艇用于确定目标艇的初定位，保证对接裙在目标环上方的一定范围之内，同时它也提供对接机械手的动力源。

(2) 对接裙。对接裙呈圆锥体形，分为上下两部分，外部有 4 只机械手，通过机械臂的旋转和伸长，实现目标艇和机动艇的连接。

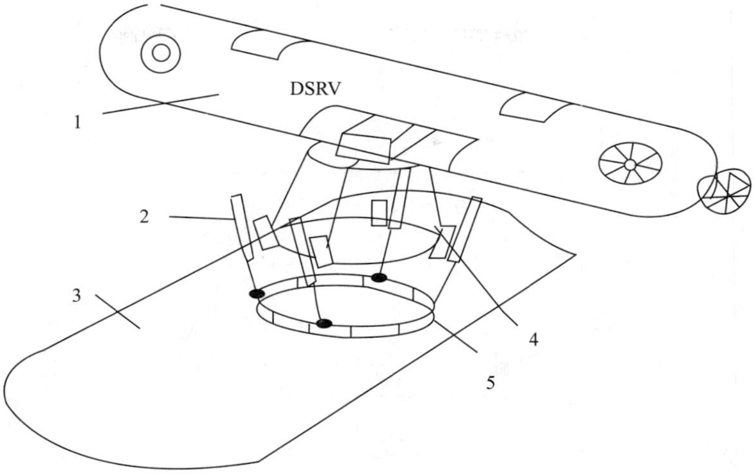

图 6-23　水下机械手对接装置简图

1—机动艇；2—对接机械手；3—目标艇；4—对接裙；5—目标环

(3) 对接机械手。4 只机械手对称安装在裙壳外侧，它们的结构完全相同，每只机械手都具有摆动和伸缩两个自由度。摆动电机控制机械手的摆动角度，伸缩电机控制机械手的伸缩长度。机械手具有一定的智能，在摆动电机及伸缩电机处安装有直线位移传感器与角度电位计，分别检测机械手的伸长量和摆动角。

(4) 对接目标环。对接目标环为圆环形，圆直径为 Φ1 000 mm，其底部均匀安装 32 个高为 60 mm 的目标桩。它可有效保证对接裙口与救生平台的对中，在对接过程中，4 只机械手末端搜索并捕捉目标环，通过调整它们的长度和摆角就可以实现对中。

2) 水下机械手对接装置工作原理

在援潜救生时，为避免直接机动对接的盲目性和危险性，能适应能见度低和大纵横倾的条件，需要采用带有柔顺性的多机械手水下对接装置，该对接装置具有“主动捕捉、自动对接”的功能。多机械手水下对接装置整个系统由对接机械手、液压伺服系统和控制系统三大部分构成。图 6-24 所示为多机械手水下对接装置总体构成示意图。

在深潜救生艇下方的对接裙口外侧，圆周对称安装 4 只结构完全相同的机械手，如图 6-25 所示。每只机械手具有摆动和伸缩两个运动及一个抓握功能。在失事潜艇逃生舱口周围为对接平台，上面装有机械手捕捉的圆环形目标物——目标环。

救援开始时，首先救生艇动力定位在失事潜艇上方 55 cm 处，调整艇体姿态，使对接裙口底面与救生平台平行。然后对接装置进入工作状态。每一只机械手在控制系统的控制下，具有局部自主作业能力，能够适应水下各种复杂的条件，考虑到失事潜艇可能存在的倾斜，对接机械手末端自主搜索救生平台，从而捕捉到目标环。当 4 只对接机械手抓到目

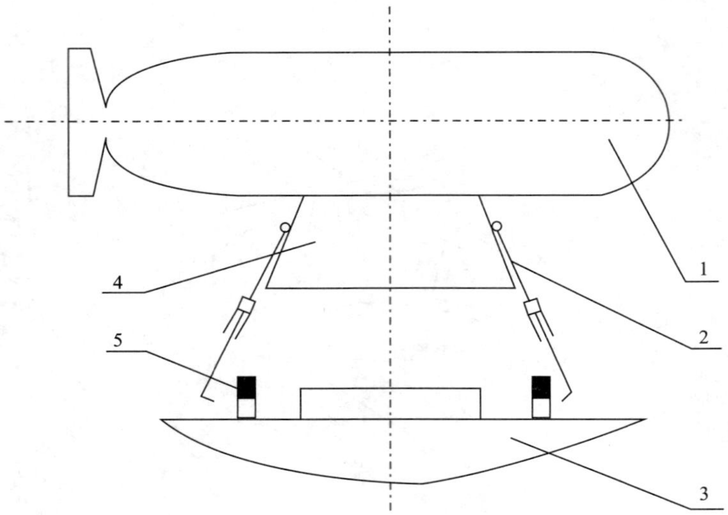

图 6-24　多机械手水下对接装置构成示意图

1—深潜救生艇；2—对接机械手；3—失事艇；4—对接裙口；5—对接目标环

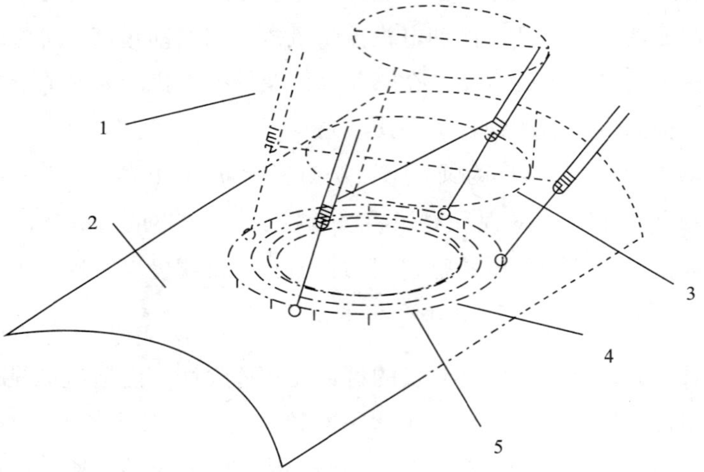

图 6-25　捕捉机械手的布置

1—对接机械手；2—失事艇甲板；3—对接裙口；4—对接捕捉目标环；5—逃生舱口

标环后，通过调整 4 只机械手的有关参数，从而控制深潜救生艇与失事潜艇之间的位置和姿态，实现两艇对中定位，继而降低深潜救生艇，保证对接裙底面与救生平台可靠接触，锁定对接机械手，实施救生任务。整个对接过程包括自主搜寻、初步连接、对中定位、拉降锁定 4 个阶段。在该过程中，每只机械手的自主搜寻和捕捉目标能力以及相互协作对中定位能力是实现高效对接的关键。

3) 水下机械手对接装置特点及主要技术要求

由于对接装置工作在海底这一特殊环境，对水下对接机械手手臂的驱动方式、密封和材料选择等有着严格要求。机械手的活动需要用到驱动系统，驱动系统的选择决定了机械手在工作过程中是否能够很好地完成所需要达到的要求，因此，选用驱动装置时主要考虑以下几个因素：①驱动装置必须能够很好地防水；②需考虑输出力或力矩较大、滞后现象小、反应较灵敏、传动平稳等，其中输出力和运动速度控制较为容易，可达到较高的定位精度等。常用的驱动方式主要有电机驱动、液压驱动和气压驱动。

在水下作业中，液压传动件连接部分的密封是一个关键问题，需保证密封可靠、寿命长，力求结构紧凑、简单，制造维修方便、成本低廉。要实现良好密封防漏，一方面在机械结构的设计中要重点考虑；另一方面是合理地选择密封元器件和密封方式。为防止或减轻海水对装置的腐蚀作用，各零件均选用防腐蚀的材料。

4) 水下机械手工作过程

水下机械手的驱动方式在工作中起着重要作用，它决定了机械臂的伸缩以及转动。目前，最常用的水下机械手活动时的驱动方式是液压驱动。常用的水下机械手手臂结构如图 6-26 所示。机械手手臂的伸缩运动是由一个直线油缸实现的。为防止伸缩臂转动，伸缩臂上装有导向杆，手臂的摆动运动是由直线油缸驱动连杆实现的。在摆动臂和伸缩臂上分别安装有旋转电位计及直线电位计，以检测对接机械手臂的摆动角度和伸缩长度，确定手臂末端的位置。在连接手臂与末端的腕部，具有伸缩臂轴线方向和伸缩臂法线方向的柔顺功能，在无外力作用时，可依靠弹力恢复到原始位置。沿伸缩臂轴线方向的柔顺功能，在机械手接触对接平台并搜索目标环时，可起到缓冲作用；沿伸缩臂法线方向的柔顺功能，在机械手捕捉目标环和对中过程中，可有效防止机械卡死和保护机械手。

另一种水下机械手驱动装置为电-液组合驱动装置。它采用的机械臂具有两种运动方式，即伸缩运动和摆动自由度。对接机械臂连接在裙口上，电机放置在旋转机械臂内部。它可将旋转运动转换为直线运动，首先，电机连接齿轮，通过齿轮将动力传递到另一个端部有螺杆的齿轮上，螺杆上安装有套筒，因此齿轮的旋转运动就转变成套筒的直线运动。套筒的伸缩量和伸缩速度可以由电机控制。所以，通过上位机控制电机，可以达到控制伸长缩量和伸缩速度的目的。旋转机械臂的一端固定在对接裙口上，可以旋转；另一端固定在伸缩机械臂上，通过套筒的伸长和缩短可以控制伸缩臂转过的旋转角度。

机械手的伸缩臂由液压油缸控制其伸长及缩短运动。伸缩机械臂液压缸放置在伸缩机械臂的侧端，伸缩机械臂分为不动臂和能伸长缩短的机械臂两部分，其中，伸缩机械臂的一段连接在对接裙口上，可以绕固定端旋转，在固定端的上面连接有旋转臂的伸缩杆。

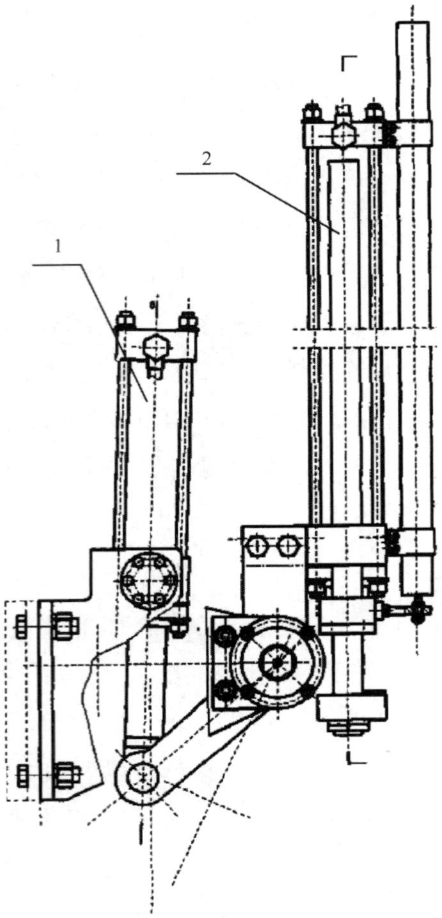

图 6-26　机械手手臂结构图

1—摆动臂；2—伸缩臂

液压驱动的机械手装置和依靠电-液组合驱动的机械手装置的功能是一样的，都是通过机械手臂的伸缩及弯曲实现水下对接。液压驱动时，液压缸的驱动能得到较大的输出力或力矩，滞后现象小，反应较灵敏，传动平稳，输出力和运动速度控制较为容易，可使机械手臂达到较高的定位精度。而电-液组合驱动的传动间隙小，精度高，体积小，质量轻，运动平稳，传递转矩大。

思考题

1. 分析水下连接机械的类型及应用场合。
2. 简述水下连接器的工作方式。
3. 简述水下对接装置的结构和工作原理。

第 7 章　潜水器

7.1　概述

数千米的深海海底是地球上最宁静而神秘的地方，那里生存着古老的生物。在深海中，蕴藏着丰富的能源，对人类未来的生存意义非凡。从 20 世纪 50 年代末开始，美、法、苏(俄)、日等国先后开始建造载人潜水器。迄今，世界上能进行 6 000 m 以下作业的深海载人潜水器有 6 艘，包括中国“蛟龙”号(7 062 m)、俄罗斯“和平”号系列(6 000 m)、日本“深海 6500”号(6 500 m)、法国“鹦鹉螺”号(6 000 m)以及改进后的美国“阿尔文”号(6 000 m)，它们能够到达遍及海洋深处的大陆坡、海山顶、火山口、洋脊以及漆黑的洋底。

潜水器是一种在水下工作的高新技术集成设备，这种设备不仅集成有动力装置、电源和控制系统，还配备有声呐、光电仪器等不同类型的拓展设备以满足各种任务及要求。潜水器可作为水下的动态试验平台替代人类对水下目标进行观测、研究，能在各种水下环境中进行探索任务，作为人类感官在水下的延伸，潜水器的作用已越来越大，从最初的载人潜水器至无人遥控潜水器(ROV)、自主式潜水器(AUV)，潜水器的发展随着科技水平的提升也逐步加快，使得人类可进一步了解自己所生活的环境。

潜水器的发展主要集中在两个方向：①潜水器造型更加大型化、设备航程增加、设备功能更加多样化；②潜水器造型更加微小型化、设备功能更加专业化。

7.1.1　国内发展状况

我国作为非传统海洋大国，海洋经济起步时间晚，但其所带来的经济效能却十分可观。随着我国对海洋开发力度的不断加大，海洋经济这一新领域还会进一步发展。传统意义上，海洋经济包括了海洋渔业、海洋交通运输业、海洋油气业、海洋船舶工业、海盐业、滨海旅游业。由于海洋经济的环境特殊性，有些作业地域人员无法到达或者无法长时间工作，限制了海洋经济中生产力的解放。潜水器由于没有生理上的限制，是海洋作业环境下的首选人员替代品。

在海洋资源开采中，下潜深度每下降 1 000 m，意味着一个巨大的跨越。不单单是下潜技术的革新，更是能够获得巨大的海洋资源，其可开采的矿产资源总量将提升 25%。同时，不仅在数量上得到提升，在其资源种类上也远远增多，以锰结核矿产为例，在海平面以下 3 500 m 处是没有锰结核矿产的，而海平面以下 3 500~4 500 m 范围内，不但存在大量的锰结核矿产，而且存在更多的其他下潜层面所没有的海底资源；另一方面，随着深度的增加，所需要拥有的涉海设备装置和掌握的涉海技术，也将随着海洋开采技术的革新而提高，对我国的海洋经济发展十分有用。

我国在机器人领域的研究于 20 世纪 70 年代起步，在国家 863 计划中就包括了工业机器人和水下机器人项目。时至今日，我国已在潜水器领域取得了瞩目的成绩。例如，我国在 20 世纪 90 年代初期研制了 1 000 m 潜深的“探索者”号自主式潜水器。此后又研发了 CR01 和 CR02 两款潜深达 6 000 m 的自主式潜水器。CR01 和 CR02 的诞生极大地方便了我国对海洋资源的调查。2012 年，随“蛟龙”号一同执行深潜任务的“龙珠”号小型自主遥控潜水器则意味着我国潜水器技术又上了一个台阶。虽然我国在潜水器领域已经取得了巨大的成就，但是在一些关键设备和关键材料的研究方面与欧美发达国家相比还存在很大差距。国内较具有代表性的潜水器包括以下几种。

(1) 中国船舶重工集团第七〇二研究所开发的“蛟龙”号是我国第一艘自主研制的、接近发达国家水平的载人深海潜水器，主要进行深海勘探、地形测绘、样本获取和热液测温等工作，可以在海底自动航行定向和悬浮。“蛟龙”号长 8.2 m，宽 3.2 m，高 3.4 m，航速可达 2.5 kn。2016 年，该所研制的万米载人深潜器的科考母船“探索一号”已完成出海检测。

(2) 中国科学院沈阳自动化研究所与俄罗斯共同研制的自主式潜水器 CR01 在 1995 年和 1997 年两次在东太平洋底调查了锰结核的分布情况，拍摄了大量的照片，获得了大量的洋底地形、地貌和地质数据。CR01 自主式潜水器和俄罗斯的 MT88 潜水器在主尺度和外形上基本相近，续航力也相近，如图 7-1 所示。其最大下潜速度 1.2 m/s，水下工作时间 6 h，航程约为 20 km。

到目前为止，中国科学院沈阳自动化研究所已开发“潜龙一号”和“潜龙二号”自主式潜水器、“探索”系列自主式潜水器、“海星”系列无人遥控潜水器等。

(3) 哈尔滨工程大学积极从事潜水器的研发工作。其研究工作主要包括潜水器总体设计、潜水器运动控制系统开发、潜水器的智能规划算法研究以及潜水器系统协调与控制等，设计完成了多台潜水器系统，成功地完成了多项海上试验。

(4) 上海海洋大学深渊科学技术研究中心研制的万米潜水器“彩虹鱼”，目前正处在实验阶段，设计下潜深度为 11 000 m，可覆盖全球大部分海域。

图 7-1　自主式潜水器 CR01

7.1.2　国外发展状况

20 世纪 50 年代，国外一些发达国家尤其是临海发达国家开始潜水器的研究，投入了大量的资金研究潜水器技术，并对其配套产品进行大力开发。历经 60 余年，潜水器的研究取得了令人瞩目的成就。美国、加拿大、英国、日本、俄罗斯等国家都成立了专门机构或者资助高校研究潜水器技术。国外代表性的潜水器有以下几种。

(1)美国海军研究生院(Naval Postgraduate School,NPS)自行设计和制造的 ARIES AUV，如图 7-2 所示。该潜水器长 3 m，宽 0.4 m，高 0.25 m，重量 225 kg，最大速度 3.5 kn，续航力 4 h。它不仅可对水下目标物进行探测和识别，还可以作为多台潜水器系统网络数据的通信站和协调控制中心。

图 7-2　ARIES AUV

(2)美国麻省理工学院(MIT)开发的 Odyssey Ⅱx AUV，它搭载着130万像素的水下摄像机和600 kHz的侧扫声呐，如图7-3所示。Odyssey Ⅱx AUV长约2 m，直径0.58 m，重量200 kg，最大速度3 kn，续航力8 h，主要用于测绘海底地形和海洋学研究。

图7-3　Odyssey Ⅱx AUV

(3)俄罗斯MT88预编程式潜水器。其下潜深度6 000 m，如图7-4所示。MT88的最大航行速度为1.2 m/s，水下连续工作时间为6 h，航行距离约为26 km。MT88在海洋技术领域完成了很多工作，它可以预先编程，在潜水器投放前输入程序而且有声通信校正。潜水器的运动轨迹可按水动力物理测量，或者按照海底附近的拍照和远距离观察的要求设置，或者是任意的。该潜水器装备有TV和静物照相机等用于测量的各种仪器设备。

图7-4　MT88潜水器

(4)日本东京大学自主开发完成的潜水器 $r2D_4$。$r2D_4$ 是用于海洋探测的潜水器，如图 7-5 所示。$r2D_4$ 长 4.1 m，宽 1.1 m，高 0.81 m，重量为 1.6 t，最大潜深 4 000 m，最大速度 3 kn。该潜水器作为 R-ONE 系列潜水器的后续产品，搭载有各种用于化学分析的仪器，主要用于深海以及热带海区矿藏的观测及调查。

图 7-5　$r2D_4$ 潜水器

总而言之，潜水器的智能化程度不断提升、航程数不断增加、续航能力不断增强，同时负载能力大幅度提升。

7.2　潜水器类型

根据是否装载操控人员，潜水器通常分为载人潜水器和无人潜水器(Unmanned Underwater Vehicle,UUV)两大类。

根据与水面支持设备之间的联系方式不同，潜水器可以分为有缆潜水器和无缆潜水器两大类。

7.2.1　有缆潜水器

有缆潜水器通常也称作无人遥控潜水器(ROV)，有缆潜水器最早出现在 20 世纪 50 年代，由军方研制用于执行鱼雷和水下导弹的回收任务。由于军事及海洋工程的需要及电子、计算机、材料等高等新技术的发展，20 世纪 70 年代和 80 年代，ROV 的研制得到快速发展，海底考察、试验、采样、打捞、救助、工程施工等多种用途的潜水器崭露头角，其工作性能也越来越好，工作水深越来越大，如图 7-6 所示。

图 7-6　SEALION Ⅲ ROV

按其运动方式，有缆潜水器又可分为拖曳式、(海底)移动式和浮游(自航)式。拖曳式潜水器、移动式潜水器是由水面母船通过传输缆人工进行控制，主要由操纵控制台、电缆绞车、吊放设备、供电系统等水面设备和中继器及潜水器本体等水下设备组成。

美国伍兹霍尔海洋研究所(WHOI)开发研制的 ABE 潜水器，如图 7-7 所示。该深潜器的最大下潜深度为 6 000 m，最大航速 2 kn，标准巡航速度 1 kn，最长航行距离约为 30 km。它可以在无母船跟随的情况下，实现长时间的正常工作，执行海底科学考察任务，它与潜水艇一起构成科学深海考察综合体系。

图 7-7　ABE 潜水器

7.2.2 无缆潜水器

无缆潜水器习惯上称作自主式潜水器(AUV)，AUV 自身携带能源，依靠自主能力管理和控制自己，完成人们赋予的任务和使命。无人潜水器(UUV)和自主式潜水器都是无人无缆的，具有自主航行的能力，其中 UUV 是由预先编写好的程序控制，按规定的线路自主执行任务，AUV 由智能控制系统自行控制，如图 7-8 所示。

图 7-8　小型 AUV

7.3　潜水器应用领域

现在，我国已经有多个单位从事自主潜水器的研究开发，并且不断地扩大应用领域，产业呈现快速发展的局面。

1) 军事领域

潜水器可以携带多种传感器、专用设备或武器，执行特定的使命和任务，可用于通信、导航、监测、反水雷、反潜和海洋作战等。ROV 可用于打捞沉没于水中的武器、鱼雷及其他装置，并且可协助潜水员执行打捞作业。ROV 还可检查核潜艇，并辅助核潜艇的维修与保养，去除附着在核潜艇上的杂物等。ROV 的另一个重要作用是检测与观察海军的水下工程。AUV 可用来辅助军用潜艇，作为它的体外传感器，为它护航和警戒以及为其引开敌方攻击充当假目标。在反潜方面，AUV 可担任海上反潜警戒，也可当作反潜舰艇进行训练的靶艇。在水雷战和反水雷方面以及其他许多特种作业中，AUV 都可以大显身手。

2）科考领域

由“蛟龙”号载人深潜器（HOV）、“潜龙二号”AUV 和“海龙二号”ROV 组成的“三龙”潜水器系列，是我国自行设计、自主集成、具有自主知识产权、在深海勘察领域应用最广泛的深海运载器，体现了我国深海技术装备发展的总体水平。

其中，“蛟龙”号载人深潜器是我国第一台自行设计研发的深海载人潜水器，如图 7-9 所示，可运载科学家、工程技术人员到达深海复杂环境，进行勘探、科学考察和开发利用资源。它已进行 7 000 m 级海上试验并取得成功，最大下潜深度 7 015 m。“潜龙二号”是一套实用型深海探测装备，配置有热液异常探测、微地形地貌探测、海底照相和磁力探测等系统，主要用于多金属硫化物等深海矿产资源的勘探作业。在“潜龙一号”的基础上针对多金属硫化物矿区需求研制，在机动性、避碰能力、快速三维地形地貌成图、浮力材料国产化方面均有较大提高。而“海龙二号”是一套能在 3 500 m 水深、海底高温和复杂地形的特殊环境下开展海洋调查和作业的高精技术装备。

图 7-9 “蛟龙”号载人深潜器

3）安全搜救领域

潜水器携带的水下照明灯、水下摄像机、声呐、水下机械手、海洋取样器等设备，具有水下摄像照相、水文参数测量、设备安装、设备维修等功能，广泛应用于水下搜索、检测及打捞救助等行业。2017 年 4 月，由交通运输部烟台打捞局承担的 3 000 m 级 ROV 海试任务成功结束，标志着我国已具备 3 000 m 级深水救捞能力。

水下救援潜水器应用于水下搜寻、水下打捞、水下摄像、消防救生、刑事侦查、救援等领域，如图 7–10 所示。水下救援潜水器可通过螺旋桨控制机器人在水下前进、后退、转向，完成精确抓取、水下观察打捞救援作业，最大限度地保证了被困人员及施救人员的安全。采用高强度 LED 射灯和低照度水下摄像头使水下拍摄效果突出，操作方便。潜水器整体结构采用双筒平衡设计，打捞方式采用鹰式垂直捕捉形式，机械手为扇贝型对合封闭并配有高强磁铁，整机采用高分子材料，使用年限可达 20 年以上。

图 7–10 救援潜水器

为了及时采取措施打捞极为贵重的物件或设备，比如导弹、飞机、船只、炸弹、有毒和有害放射性的物质或泄漏的管道及其他的海下搜寻、回收、装配、修理、检查等各项水下作业的任务，还需要配置打捞机器人。

海豚型潜水器就是一种打捞潜水器，如图 7–11 所示，其具有结构紧凑、操控简单、故障率低、维护方便的特点。通常，浅海潜水器大多采用超高分子新型材料，耐冲击碰撞，耐压能力强并且价格低，实用性极强。

4) 海洋石油开发领域

随着逐渐向深水迈进，水下设施的安装、海底管道的铺设、海底装置的检修等作业，操作人员已经无法承担。因此，拥有超强水下作业能力的潜水器有了用武之地。

开发矿物资源、天然气、海底石油以及开展娱乐活动和体育活动，其中包括收集海星、海藻及其他海洋植物或动物，通过铺设海底电缆及管道进行运输和通信等任务，都可采用管道潜水器完成相关工作，如图 7–12 所示。管道潜水器采用超小机身设计，最小检查管径在 200 mm，采用 4 个橡胶大轮和 6 个橡胶小轮驱动，具有拉力大、排除污泥和经

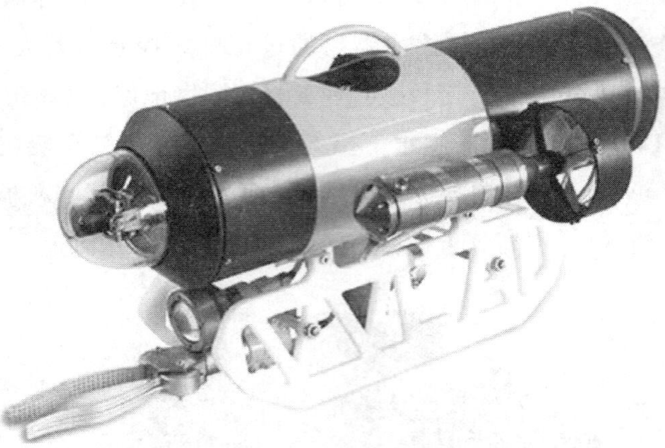

图 7-11　打捞潜水器

久耐用的特点。机身整体采用全铝防水设计，潜水深度可达 20 m，配备的防水电缆可承受 1 960 N 拉力。该管道机器人装有 2 台摄像机，前摄像机采用 700 线摄像机，镜头水平轴向可旋转 360°。

图 7-12　管道潜水器

5) 检测修理领域

在船舶修理方面，潜水器已能解决船舶水线以下部位的清洗、除锈、涂装，故障部位钢板的焊接、切割或更换，水下装置的修理或更换等多方面的故障。此外，潜水器还被广泛应用在考古、水下娱乐等领域。

如图 7-13 所示即为一种缆控微型检测潜水器。该系统配置 2 个对称的垂向推进器，2 个对称的水平推进器，机身结构小巧，广泛应用于作业深度 0～100 m 的水下观测，如水产养殖、水库坝面检测等。其具备手动、自稳定、定深 3 种运动控制模式，可实现前进、后退、顺/逆时针旋转、上浮、下潜方向组合运动。

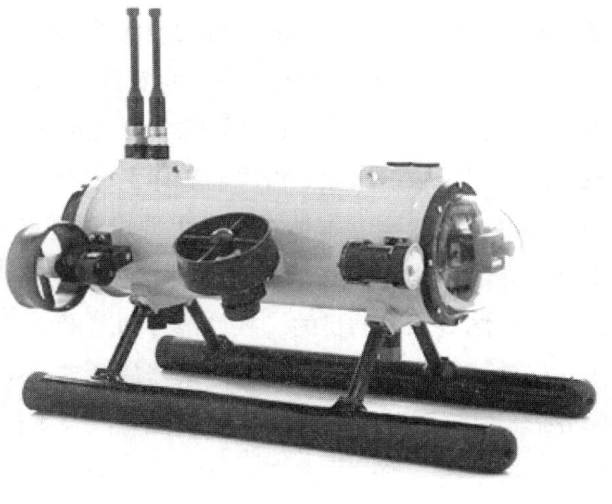

图 7-13　检测潜水器

7.4　潜水器关键技术及系统组成

7.4.1　潜水器工况分析

在海洋开采中，海平面 1 000 m 以下就被定义为深海，对于人类而言，海平面 1 000 m 以下的环境已经不能生存，十分寒冷而且漆黑一片。同时，深海中还存在着人体根本无法抵御的水下压力。另一方面，在变化莫测的深海，难以预料的危险无处不在。在这样的环境中，人类无法实现直接作业。为了保障作业的可控性和潜航员安全，科学家开始着手潜水器的研制，而且针对不同的任务和工况，分别设计出无人潜水器和载人潜水器。

在未知的海洋世界进行水下作业，很容易出现一些潜水器无法自我处理的故障停车，比如最常见的水下植被等柔性物体缠绕潜水器的推进桨叶，还有水下机载电源的短路、漏水等，因此无论是否载人，为保证任务的顺畅或潜航员的安全，潜水器从设计之初就要求采取必要的安全上潜设备，以确保一旦发生意外，能够获取最大的解救时间。

在“蛟龙”号载人深潜器上，同样采取了系统的安全措施。当“蛟龙”号载人深潜器在水里时，因满足质量与浮力的平衡，使其能够在任何地方以任何方式航行，当质量与浮力相等时，“蛟龙”号载人深潜器不会出现上浮或者下沉，从而保持稳定航行。因而，安全系统是建立在力学平衡的基础上，假如螺旋桨被海底植物缠绕而不能运转，以至于无法正常运行，安全系统将会启动，进行抛载。

7.4.2 潜水器关键技术

与生产线上的工业机器人一样，潜水器的制造目的是代替人类执行水下工作任务。因为水环境的特殊性，人类在水中的活动范围和活动时间有限，而随着海洋开发力度的加大，水下工作深度和水下工作量大大增加，早已超过人类承受的极限。因此，为满足海洋开发的需求，潜水器被广泛运用于水下作业。潜水器总体上分为硬件和软件两部分。前者又可分为潜水器本体和控制电路，潜水器本体在设计上要求具有良好的抗压性和密封性，这两项性能是保证潜水器能在水下正常工作的硬件基础。控制电路则是控制系统的载体，控制软件通过控制电路达到控制潜水器的目的。软件部分则是潜水器运行的大脑，可使潜水器能够按要求完成工作任务，在设计内容上则视潜水器任务需求而定。

虽然现有潜水器的外形尺寸、续航力、航速、负载能力以及下潜深度各不相同，但它们所需要突破的关键技术问题基本一致，主要有总体技术、能源技术、水下承压与密封技术等。

1）总体技术

潜水器是一种现代新兴设备，具有技术密集性高、系统性强的特点。该类设备涉及的专业较多，各学科专业之间相互联系，又相互牵制，如果单纯地追求某些技术指标，而忽略学科间的关系，则会顾此失彼。要解决这些问题，除了要有极强的系统概念之外，还需要不断地协调各学科。单项技术指标需要在满足总体技术要求的前提下确定，且各指标之间必须相互兼顾。

2）能源技术

能源技术是潜水器的关键技术之一，潜水器的续航能力、速度和负载能力都受到能源的影响。目前，大多数潜水器都采用电力驱动，其自身在密封舱内携带一组或多组电池组，这些电池组是潜水器的电力来源。电池是目前为止仍占主导地位的能源来源，从长远来看，燃料电池因其具有运行寿命长、工作电流大、比功率高、比能量和能量效率高、无污染的特点，将更广泛地应用于潜水器。

3）水下承压与密封防腐技术

潜水器工作区域在水下，且水下环境极其复杂，其承压与密封显得极为重要。潜水器的计算机、电子元器件和电池组一般都是放在耐压舱中，耐压舱所能承受的水压直接关系到潜水器的工作深度。目前，潜水器耐压舱的材料主要有金属材料和复合材料。金属材料中常常使用铝合金，另外，金属材料钛合金也非常适合制作耐压舱，因为钛合金具有良好的抗腐蚀性能，而且重量轻。在未来的潜水器发展中，钛合金将得到更为广泛的应用。复合材料主要是碳纤维材料，碳纤维材料具有材料强度高、重量轻的特点。

潜水器由于密封问题导致的故障远比由于电子元器件问题引发的故障高。潜水器的密封分为静密封和动密封。静密封的解决相对容易，如在连接处加垫密封垫或者对外壳连接部分采取焊接的方式来达到静密封。而动密封问题较难解决，因为轴处于转动状态，轴与壳体之间存在间隙，会产生泄漏。因此，必须较好地解决密封问题，以保证潜水器在水下正常工作。

(1)动密封处理。潜水器的工作环境位于水下，而电子设备大部分都不具备防水功能，为保证潜水器在水下能正常工作，需要保证它的载体和外壳具备一定的防水性能。

动密封的方式有很多，如有 O 形圈密封(图 7-14)、O 形密封圈与聚四氟乙烯滑环的组合密封(图 7-15)以及机械密封(图 7-16)，这三种密封方式都可实现动密封。

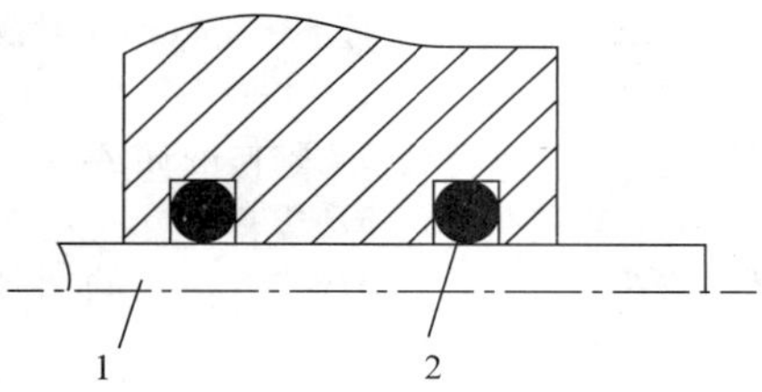

图 7-14　O 形圈密封示意图

1—轴；2—O 形圈

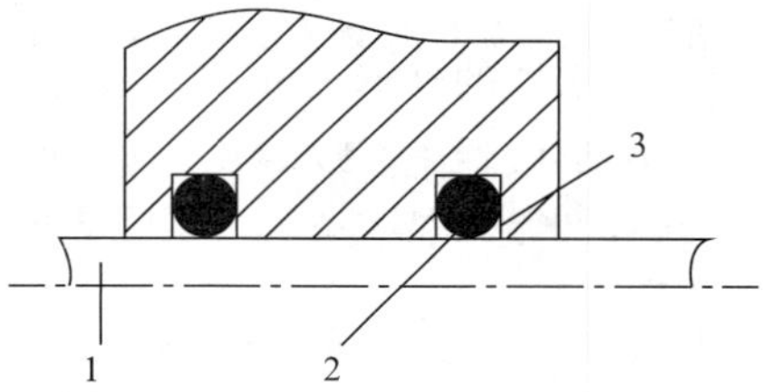

图 7-15　O 形密封圈与聚四氟乙烯滑环的组合密封

1—轴；2—O 形圈；3—聚四氟乙烯滑环

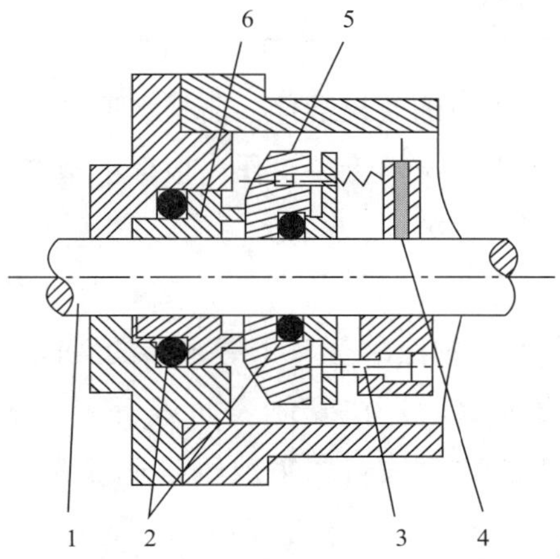

图 7-16　机械密封示意图

1—轴；2—O 形圈；3—传动螺钉；4—紧定螺钉；5—动环；6—静环

当在轴上安装 O 形圈后，O 形圈的截面就被压缩变形，堵住了泄漏通道，达到了密封效果；O 形密封圈与聚四氟乙烯滑环组合密封原理与 O 形圈密封的原理类似，利用聚四氟乙烯低摩擦系数和磨损系数的特点，降低了密封件的摩擦系数，提高了密封的可靠性和使用寿命；采用机械密封时，动环经由轴带动旋转，而静环静止不转，动环与静环两者相接触的端面发生滑动摩擦，这种摩擦使得两者始终有着密封效果，当端面发生磨损后，内侧的弹簧会将动环向外推，使动环与静环的两者端面紧密贴合。在静环和壳体之间的间隙以及动环和轴之间的间隙处可安装 O 形圈，避免动环与静环端面间的介质泄漏。这些密封方式特点见表 7-1。

表 7-1　常用密封方式特点

密封方式	O 形密封圈	O 形密封圈与聚四氟乙烯滑环组合密封	机械密封
优点	(1)制造简单，装卸方便，具有自密封功能，且安装部位紧凑，不需要周期调整； (2)适用范围广，适用温度范围 -60～120℃，用于动密封装置时，密封压力可达 35 MPa； (3)体积小，结构简单，价格便宜	(1)填充聚四氟乙烯具有良好的自润滑作用，耐磨性能优异； (2)与金属表面无黏着作用，摩擦阻力小	(1)具有可靠的密封性能； (2)使用范围广，适用于各种工况条件； (3)使用时间长，功耗小； (4)抗振性强，缓冲性好
缺点	(1)启动阻力大，容易产生爬行现象； (2)如果使用不当，容易引起 O 形圈切、挤、扭、断等事故； (3)动密封还无法做到无泄漏	(1)缺少弹性； (2)没有自密封能力	结构复杂，装配工序较多，价格较高

在三种密封方式中，机械密封的效果最佳，而且水下环境对于潜水器的密封条件要求极为严格，一旦漏水，将使整个潜水器无法工作，根据小型潜水器的特点，机械密封方式可以完全满足潜水器防水密封的需要。

(2)防腐处理。潜水器的作业环境极其特殊，与陆地上完全不同，因水中微生物的侵蚀作用而产生腐蚀是完全无法避免的。对于潜水器的腐蚀问题，可以采取以下多种方法来减少腐蚀：①加工完壳体以后，在壳体表面进行阳极氧化以及铬酸盐封闭处理；②在壳体(氧化处理后)表面涂防腐漆；③采取牺牲阳极保护阴极，安置锌块；④在密封配合的位置涂硅脂，以减小 O 形圈槽的缝隙腐蚀；⑤每次完成工作并进行收回以后，就以淡水对潜水器进行全面的冲洗；⑥对零部件中易受腐蚀的部分准备备件，并进行定期更换。

4) 外形设计

潜水器自身携带的能源是其行动的唯一来源，潜水器的航行速度决定了它所需要携带的能源量。在航行速度恒定不变的条件下，影响能耗的决定因素是航行时的阻力大小，而潜水器航行时的阻力与其外形密切相关。因此，在设计潜水器的外形时，要考虑阻力小的外形，尽可能地减少潜水器航行时的阻力，提高能源的利用率。潜水器外形种类主要有以下几种。

(1) 艏部与艉部都是半椭圆形。艏部和艉部在最大横截面前后都是半椭圆形，艉部的尖端沿切线延长，有利于减少压差阻力，这种外形的潜水器如图 7-17 所示。

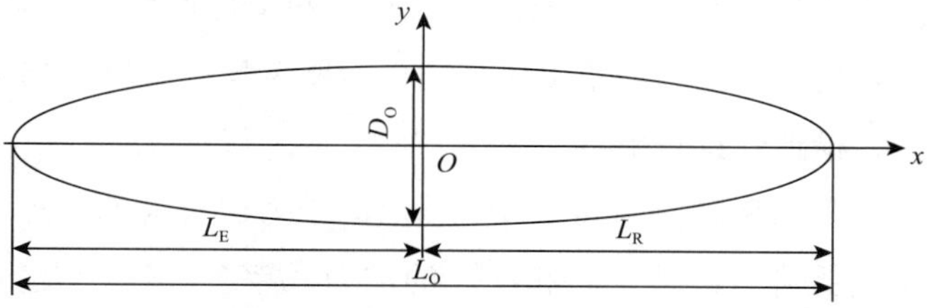

图 7-17　艏部与艉部都是半椭圆形的外形示意图

(2) 艏部为半椭圆，艉部为圆弧，这种外形的潜水器如图 7-18 所示。

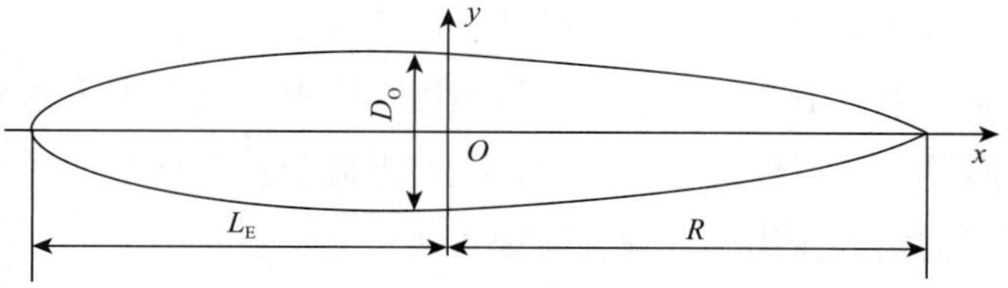

图 7-18　艏部为半椭圆、艉部为圆弧的潜水器外形示意图

如果艇艏载荷舱外壳近似圆形，当搭载 CCD 相机时，则需要开设窗口，由此带来的密封问题降低了载荷舱的安全性能。此外，如果要搭载不同的拍摄设备，则会造成基座的不匹配性，导致载荷舱设备的单一性，反而限制了潜水器的用途。另外，如果把艇艏载荷舱设计成整体式耐压舱，则由于该部分排水量较大，为维持潜水器静平衡，需要在艇艏加大压载量，这样会增加潜水器动力设备的负担，不利于延长潜水器水下续航能力。因此，艇艏载荷舱可以不设计为耐压舱，也不水密，所有设备单独密封后装入载荷舱内。为了降低制造成本和保证潜水器在水中工作时的浮力要求，可仅把能源舱做成耐压舱室。为了减轻重量，头部壳体运用玻璃钢作为材料，这种材料具有耐腐蚀、质量轻、成型方便快捷、维修简单等特点。根据常用耐压壳体材料的性能，并考虑质量轻、强度高、耐腐蚀效果好等要求，可采用铝合金作为耐压壳体材料，该材料耐腐蚀效果好，容易焊接，满足工作水

深的耐压需求。

7.4.3 潜水器系统组成

1) 推进器

(1) 推进器的类型及数量。潜水器的动力来自电力驱动的推进器，而推进器是以螺旋桨式推进器为主要形式的，它包括槽道式和导管式两种类型。螺旋桨可根据螺距可调与否分为定距型螺旋桨与可调距型螺旋桨两类。可调距型螺旋桨型推进器一般使用在全方位的推进系统中，它的两组环形叶片分别安装在设备载体艏部和艉部，这两组叶片能够让潜水器的运动实现 6 个自由度，但是，定距型螺旋桨有一些不可避免的缺点，如质量比较大、尾轴比较长、造价比较高。当前，潜水器中仍然以定距型螺旋桨推进器为主要使用的推进器，如导管式推进器、槽道式推进器等。

导管式推进器具有利用率高、相同条件下输出的推力比较大的优点，效率相对于一般的推进器有将近 20%的提升，但是正向和反向的推力效率差异比较大。在大多数情况下，在选用潜水器推进装置时，希望能够达到推进器反向的推力与正向的推力相同，这要求在设计或选用螺旋桨的时候，要使螺旋桨正向推力的最大值减小以达到反向推力与正向推力相等。但实际应用中，潜水器前进运动是主要运动方式，向后运动为辅助运动方式，因此，导管式推进器在潜水器的主推进器上得到了广泛应用。

潜水器的运动是 6 个自由度，其中 3 个为前进和后退、上浮和下潜和向左向右的平移运动；另外 3 个为回转运动，包括左右转向、上仰下俯和左右横摇，潜水器不需要完全拥有 6 个自由度，可根据它的运用环境与任务要求决定。

推进器数量是由潜水器所要达到的自由度的个数决定，一般来说，推进器的数量应多于自由度的个数。潜水器为了满足平移运动的控制需要，并在一定程度上实现回转运动，可快速到达指定的目标位置，潜水器潜浮是靠 2 个潜浮推进器实现的，且俯仰角度可通过推进器调整，另外，潜水器处于低速运动状态，因此，滚动对运动姿态的影响可忽略，通常潜水器需要 1 个主推进器、2 个潜浮推进器和 4 个侧向推进器。

(2) 推进器的布局。确定了推进器的数量后，在对其安装位置进行布置时，通常应遵循这项原则，即应在最大程度上，将推进器产生推力的多个轴的合力布置在同一点，而且这个点与潜水器的重心的距离要尽可能接近，减小额外的运动，减轻推进器给整个系统控制上造成的负面影响。

由于没有使用舵掌控潜水器的运动方向，所以，左右转向和上浮或下潜全部通过推进器实现，左右转向和上浮或下潜运动分别用 4 个和 2 个推进器实现，其安装布置的基本原理是以潜水器的重心为中心，分别安装在艏部和艉部，如此布置不仅能够确保安装推进器后不影响潜水器整体平衡，还能使得其推力达到最大效果，具体的布置如图 7-19 所示。

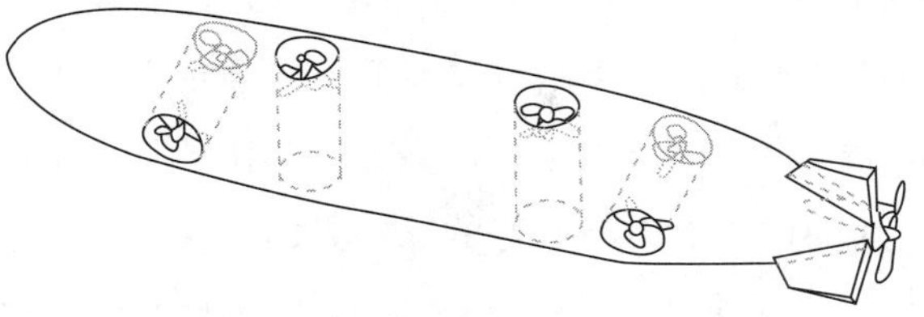

图 7-19　推进器具体布置

2) 水下机械手

随着石油与天然气等海洋资源的开发从近海逐步到深海，工作潜水器逐步成为开发海洋资源用的重要工具。潜水器的技术开发和应用最主要技术是水下作业能力，水下机械手作为作业功能的主要承担者成为大中型工作潜水器必配的装置。

(1) 特点和系统组成。与陆上机器人拥有的机械手臂相比较，潜水器的机械手臂有着以下特点：①因为长期在海水中工作，所以要求选用耐腐蚀的材料；②由于对水下工作的潜水器所携带的装备上的限制，要求做到机械手轻量化且能够应急抛弃；③因为水下作业内容任务的不同而且复杂，所以要求操作相对灵活。

潜水器机械手从构造上可分成从手、操纵装置与控制装置三部分，如图 7-20 所示。从手是听从操作者指令动作来工作的机械手臂，是进行水下工作的主要机构。操纵装置包括操纵机械手臂发出指令的输出部分以及对操作者反馈信息的部位，以实现人机之间对

图 7-20　潜水器机械手

话。控制装置根据操纵装置的动作指令对机械手的电机和液压驱动装置进行控制，并且对从手部的收紧及伸展进行连锁控制，以防止手部与本体碰撞。

(2)发展趋势。随着开发与利用海洋资源关键技术的日渐成熟，水下机械手在海洋领域得到越来越广泛的应用。水下机械手的发展趋势主要体现在以下几个方面。

① 朝高性能方向发展。由于计算机技术和水下控制、传感等技术的快速发展，水下工作机械手将会有着更强的作业能力与良好的操作界面。

② 朝高可靠性发展。经过多年的研发制造，水下机械手在各项技术上逐步走向了成熟。特别是由液压驱动的机械手已经有了商业化产品。今后，水下机械手将关注提升侧向工作的能力，提高操作的平稳性与精确性，完善人机交互界面，使其变得更加实用与可靠。

③ 朝自动化方向发展。为了适应不断扩大的作业领域，其技术向着兼容性及模块化的方向发展，弥补现有设计中的一些缺陷，机械手能够自行更换工具标志着自动化程度的提高。

3)抛载机构

(1)抛载机构的组成。潜水器的抛载机构是实现潜水器应急自救的安全保证系统。当发生水下意外情况时，确定不能通过其他正常的作业动作完成自救运行情况下，通过预置的安全系统指令程序，对抛载机构发出指令，进行抛载自救。抛载机构主要由动力源、传动机构、执行机构和压重物组成。

动力源为整个抛载机构提供动力，提供的动力通过传动机构到达执行机构，实现抛载。抛载机构的动力源可以是任何动力源，考虑到水下工况，在实际的抛载机构中，通常采用液压和电力等作为动力源。

传动机构是连接动力源和执行机构的重要环节，其主要作用是在传动动能的同时，最大限度减少动力源端的驱动力矩，增加执行机构的承载力矩。通常使用的机构有杠杆传动、丝杠传动、连杆传动和差速传动等机构。抛载机构的承载能力和可靠性很大程度上取决于其传动机构的合理设计。

执行机构是承载压重的重要部分，在设计时需要对其进行力学校核，避免发生机构本身的拉伸破坏。

压重物是潜水器安全措施中最重要和最原始的机构，当遇到紧急情况时，只要对压重物体进行抛载，破坏其水下力学平衡条件，即可完成上浮。

(2)抛载机构的种类。

①按照动力源分类。根据不同的动力源，抛载机构可分为电磁抛载机构、液压抛载机构、机械抛载机构和电动抛载机构等。不同的动力源有着不同的驱动性能，电磁和电动抛

载机构执行速度快捷，但其承载能力有限，而且在水下对密封性的要求较高；以发动机作为动力源的机械抛载机构和液压抛载机构，具有十分强大的承载能力，执行速度也较快，多为大型载人潜水器，需要搭载较高功率的发动机。

②按照启动指令分类。根据启动指令不同，抛载机构可分为自治抛载机构和外控抛载机构。自治抛载机构是通过预置程序控制实现，预置程序经过预判处理对是否执行抛载做出判断，进行抛载控制。外控抛载机构是搭载在有缆潜水器平台上，就是通过电缆连接潜水器和水上船舶的操控室，操作人员通过水下摄像机对其运行状况进行监视并进行抛载预判。两者相比，自治抛载机具有更大的活动空间和智能化程度，其执行能力的可靠性完全取决于内置程序的适应程度。外控抛载机构由于是人为控制，可靠性较高，但其电缆连接将大大缩小其作业范围。由于水下无线遥控十分不稳定，因此，抛载机构和潜水器在控制方面将朝着水下智能方向发展。

(3)抛载机构的执行机构。潜水器安全系统中，最安全可靠的结构为潜水器的抛载机构，其主要实现潜水器压重构件的准确抛载，图 7-21 所示的剪叉机构可实现抛载动作。考虑到抛载机构在控制和运动轨迹上具有较少自由度，运动轨迹应有利于压重物的滑落。在制造方面，由于其结构和整体运动性能的要求，可采用铸造件，同时，剪叉机构为中心铰接销轴固定，因此，具有生产与装配的最优化和最便捷化。

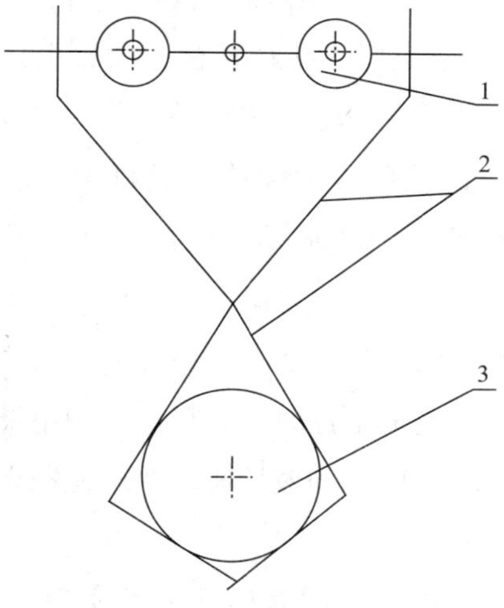

图 7-21　执行机构

1—传动机构；2—剪叉机构；3—压重物

(4)抛载机构的传动方案。整体传动方案如图 7-22 所示，采用杠杆原理传递驱动机构的推力，通过止动挡板对剪叉机构的水平止动推力进行阻挡。

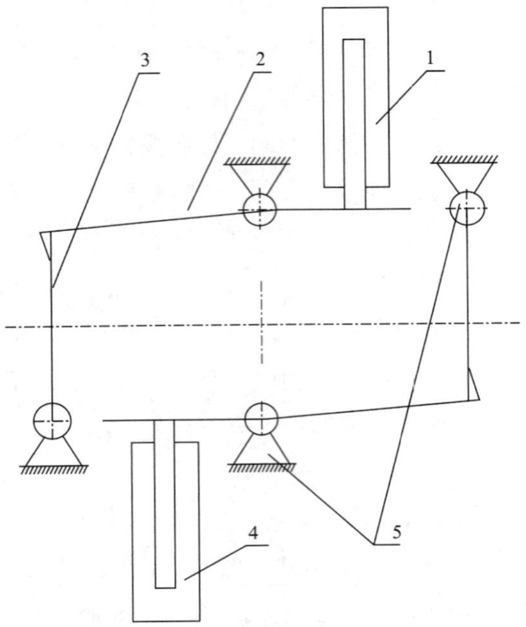

图 7-22　传动方案

1—推力推杆；2—推动杠杆；3—止动挡板；4—电磁线圈；5—绞支座

该传动机构的传动联为推力推杆 1(油缸或电磁推杆)推动推动杠杆 2，完成止动挡板 3 和推动杠杆 2 之间的机械脱开，此时，止动挡板 3 为自由摆动，剪叉机构在重物重力作用下，打开剪叉机构下端口，压重块滑落，实现潜水器的抛载动作。

(5)抛载机构的动力源。在满足力学性能的基础上，着重考虑机构的安全可靠性。采取不同驱动方式以保证抛载动作的准确无误执行，执行机构通常为电磁与油缸双驱动实现。

由于潜水器的工作多为水下未知地域的开采或探测，需经历和承受更多的复杂工况和意外情况。在出现需要抛载压重完成上浮时，有可能出现电路故障和机械故障。因此，在选择驱动机构时，可同时采用电磁驱动和液压驱动实现抛载运动，这种结构可保证抛载运动动作的稳定执行。

①电磁推杆。电磁推杆通过电磁线圈对内部衔铁实现磁力推动，将推力输入传动机构，最终实现脱开止动挡板，完成抛载动作。其控制回路连接到潜水器的安全系统电力回路中，在安全系统判断需要进行抛载动作时，由安全系统的电力回路实现电磁推杆的推动动作，如图 7-23 所示。

②油缸推杆。油缸推杆通过其油缸体内部的高压油将推杆端部活塞施压，实现推杆的推力传入运动机构中，最终完成抛载动作。其控制回路为安全系统控制下的液压回路，通

过安全系统的判断，对其回路进行控制实现。考虑到故障时会出现潜水器的机械停车，对安全系统中的液压回路加装蓄能器，故障时可为液压回路提供液压源，如图 7–24 所示。

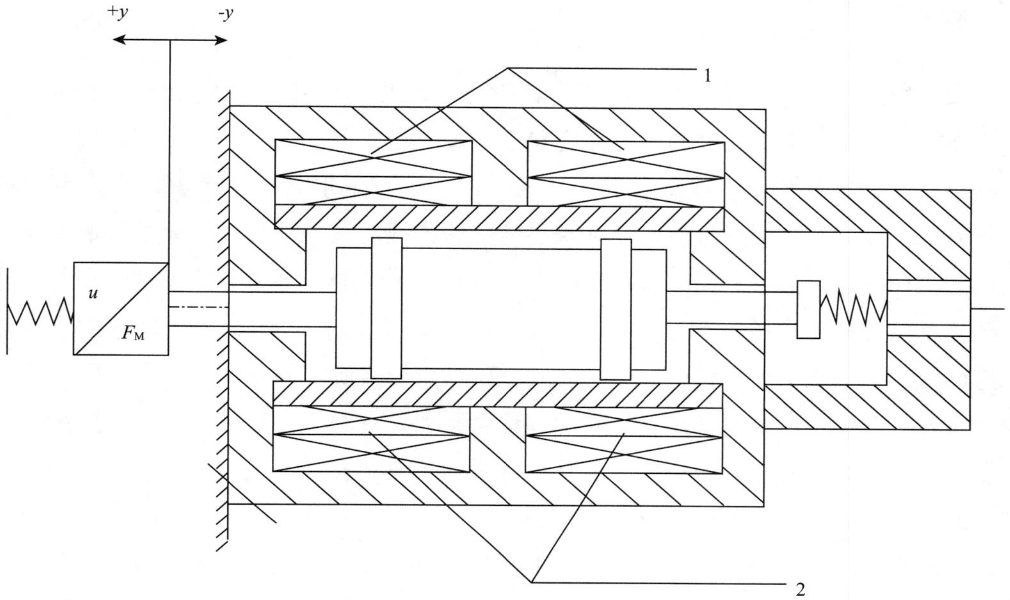

图 7–23　电磁推杆

1，2—电磁线圈

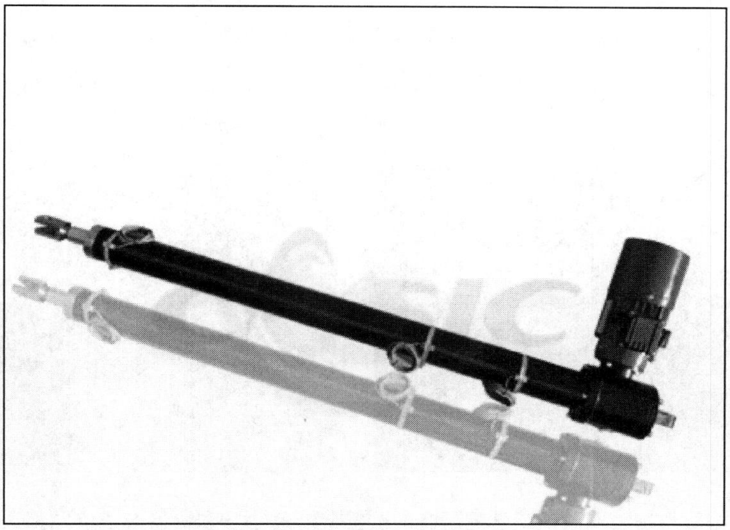

图 7–24　带蓄能器的油缸推杆

在安全系统中，电磁推杆的执行动作迅速灵敏，但其推动能力却小于液压推杆，因此，在安全系统中，对二者的优先权进行了设定，可先电磁抛载后液压抛载，实现对机构的准确合理控制。

7.5 仿生潜水器

作为一种高技术的手段，潜水器在海洋探索与利用开发中日益扮演着更加重要的角色。所以，当今潜水器的研究与开发已经越来越被人类所重视。

超小型潜水器主要用于浅海海底、江河湖泊、港口地形的水质考察、失事沉船的搜索、研究水下资源等，可通过潜水器本身所携带的各种环境感知装置和运动控制系统自主完成任务。在国内外已研发出的潜水器中，通常具有过大的体型，无法灵活运用；操作系统复杂，难以控制；造价高昂，不利于量产等缺点。随着科学的进步，仿生学、机器人学、流体力学、电磁学等学科的诞生与发展，科学家们将研究的对象放到了各种水下生物的模仿研究上。仿生潜水器是基于仿生学理论研制和开发的一类工作潜水器，它能通过自身的设计优势，适应海底工作环境，独立或者协助人类完成水下工作项目，或到达人类难以到达的区域，完成人类难以完成的工作。

仿生潜水器的设计制造包含了力学、生物学、机械学、控制理论与工程、材料学、能源技术和先进制造技术等各个学科领域，仿生潜水器根据模仿水下生物的运动方式可分为三类，即仿鱼潜水器、仿多足爬行动物潜水器和仿蠕虫潜水器。

海洋生物中，鱼是最常见的生物，其种类繁多，千奇百怪。不同的鱼类都有相似的特点，在水中既有持久的游动能力，又不需要消耗太多能量，也有强大的爆发能力，灵活性能非常好。正因为如此，各国科研者将模仿水下鱼类作为研究的重心，如图 7-25 所示。

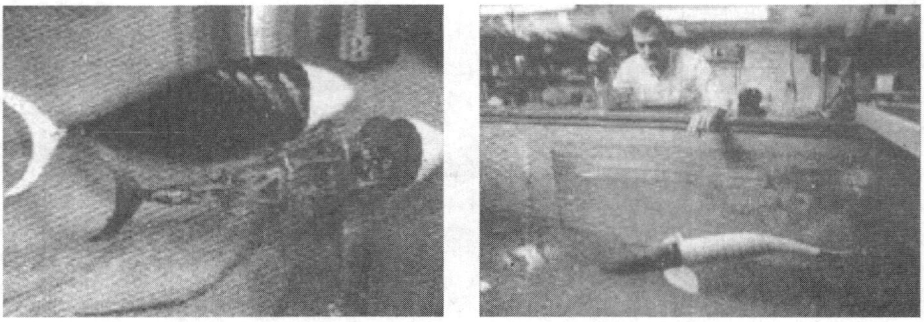

图 7-25　麻省理工学院研制的机器金枪鱼(左)和机器梭子鱼(右)

仿生潜水器无法进行长时间的潜行工作，也无法深度潜行，其主要问题在于深海下，潜水器的控制系统无法完美运作，与陆地中转站的通信亦无法完美连接。为了使仿生潜水器能更好地运作，应提高仿生潜水器的综合性能，需要从以下几个方面进行改进。

（1）改善推进机理。目前，仿生潜水器仍旧无法实现深度潜行，游动效率不高，动作也不够敏捷，无法与海洋生物媲美。因此，需改善推进机理，使潜水器在深海强压下也可以自如运动。

（2）个体智能化发展。对于单个潜水器而言，如果一直需要人工控制是非常繁琐的，这就要求潜水器具有智能化、自动控制化和信息识别能力。

（3）联络技术发展。潜水器如需下潜到深海进行工作，必须与地面保持稳定的联系。

（4）发展群体仿生潜水器。潜水器是一个群体，开发群体协作性，对潜水器的工作将产生较大的帮助，例如深海采矿等工作。

7.5.1　仿生学原理概述

仿生学是一门实现生物特点与技术有效融合的科学，通过对生物结构特征、生理特性以及能量转化、信息转换控等方面的研究，将仿生学应用到各行业领域的技术体系中，从而实现其理念创新和技术变革。

仿生设计是人类向大自然学习的一种途径，也是当今科学界和人文界创新求知的重要方法。人类通过各种途径发现和了解自然界各类动植物的构造和生存方式，将其运用到产品设计中，通过设计师对生物以及其市场进行综合性的分析归纳，同时经过工程师对工艺进行可行性分析和反馈，从结构、外形与材料、功能等各个方面对其进行优化的过程。

7.5.2　仿生机器人种类

仿生学这一名词最早是在 1960 年美国第一届仿生学会议上提出来的，机械仿生关注的问题大致可以归纳为以下几个方面：机械功能结构的仿生设计，机械材料的仿生，机械控制的仿生。根据各种仿生角度的不同，充分利用了生物环境适应优势，对于涉及的各种不同问题，满足现实的种种需要，在各个领域均有非常重大的意义。应用于不同使用环境的仿生机器人有如下几种。

1）地面仿生机器人

美国凯斯西储大学（CWRU）和美国海军研究生院（NPS）共同研究设计了一种仿蟑螂的两栖机器人“Whegs Ⅳ”，这种仿生机器人采用简化的柔性机构，可以实现蟑螂的运动形态。机器人两腿之间设计存在一定角度的相位差，使其在陆地和水底均能正常实现三角步态，提高了机器人的越障能力。轮腿机构的轮辐采用传统螺旋状设计，通过螺旋桨的旋转，推动“Whegs Ⅳ”在水下运动，并且通过其关节的正向和负向转动实现机器人上升和下潜。目前，“Whegs Ⅳ”在水中和陆地上均有良好的性能，能够灵活地实现转弯、跑动、越障、避障等运动形式，如图 7-26 所示。

图 7-26 两栖机器人“Whegs Ⅳ”

意大利微型工程研究中心研制的形状记忆合金(SMA)驱动组成的仿生蚯蚓，利用SMA弹簧作为致动器，由4个模块组成。单个模块由一条或多条SMA弹簧驱动，通过两端的黄铜板向SMA通电，并且将SMA与蒙皮连接，实现了力的传递。工作时，当SMA通电时收缩，使模块缩短；当SMA断电冷却时，模块恢复到初始状态。各个模块由PIC16F84单片机控制进行合理有序的运动，仿生蚯蚓便实现了爬行运动。另外，美国研究人员利用蠕动的运动原理设计了一种仿生蚯蚓，如图7-29所示，其表面使用了由镍和钛合金线制成的弹性网状材料，使得该机器人可以在高温环境下伸缩前进。

图 7-27 仿生蚯蚓

美国国家航空航天局喷气推进实验室(NASA JPL)研制了一种蜘蛛机器人“Spider-pot”，如图7-28所示，该机器人具有一对可探测障碍物的触须和异常灵活的腿部，可以轻松跨越障碍物体，并且可以攀登岩石，能够到达一般机器人无法抵达的区域。它的小巧身躯非常适合勘探彗星、小行星等小型天体，并可在国际空间站充当维护人员，及时发现空气泄漏等故障。

图 7-28　蜘蛛机器人“Spider-pot”

2）空中仿生机器人

美国加州大学伯克利分校研制出一个飞行机器人“机器苍蝇”，如图 7-29 所示，它是利用仿生学原理获得苍蝇的杰出飞行性能。机器苍蝇跟普通苍蝇类似大小，有 4 只翅膀，1 个玻璃制成的眼睛，它的身体用纸一样薄的不锈钢制成，翅膀用聚酯树脂制成，利用太阳能电池驱动，使用一个微型压电石英驱动器以 180 次/s 的频率扇动 4 只小翅膀进行飞行。

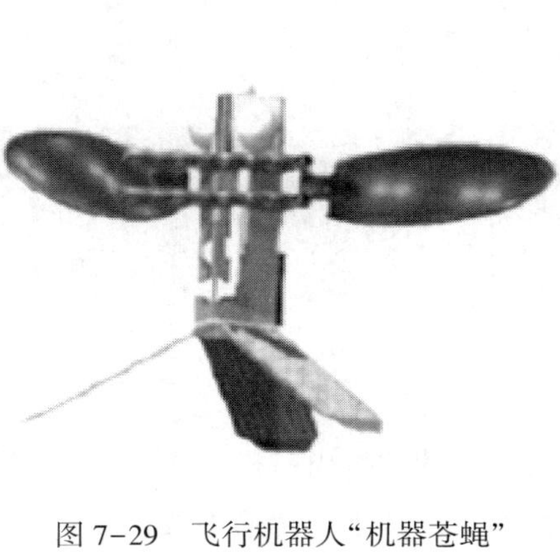

图 7-29　飞行机器人“机器苍蝇”

美国佐治亚理工学院、英国剑桥大学和 ETS 实验室合作研制的一个飞行机器人“昆虫机”，利用往复式化学肌肉进行驱动，通过直接性非燃烧式反应把化学能转变为动能，实现昆虫机的上下运动，并且可以使其悬停飞行，如图 7-30 所示。

图 7-30　飞行机器人“昆虫机”

3）水下仿生机器人

美国东北大学海洋科学研究中心研制了一种可水下自动行走的仿生机器人“龙虾”。该机器人“龙虾”可以游泳和爬行，整个系统长 0.609 6 m，宽 0.457 2 m，有 8 条腿和 2 个钳子。该机器人可使用 8 条腿行走，以 3 个关节为基础进行基本动作，其致动机构由镍钛形状记忆合金人工肌肉制成，其在冷却时比静止时的长度增加了 8%。机器人的外壳由防水材料制成，并且装有电源、控制电路和驱动器等设备，如图 7-31 所示。

图 7-31　仿生机器人“龙虾”

浙江大学研制了一种电机驱动的仿生蝌蚪机器人，“蝌蚪”机器人在水中依靠尾部波状摆动获得动力。其通过柔性尾部摆动产生的波形类似正弦波，波状尾部的摆动带动包络的液体向后流动，使其形成尾部的涡流，使得机器人得到向前的推动力，如图 7-32 所示。

哈尔滨工业大学研制了一种 SMA 驱动的仿生微型机器鱼，该微型机器鱼由鱼体和推进部分组成，没有其他任何机械传动结构，但可以模拟真鱼的无声柔性摆动推进。机器鱼

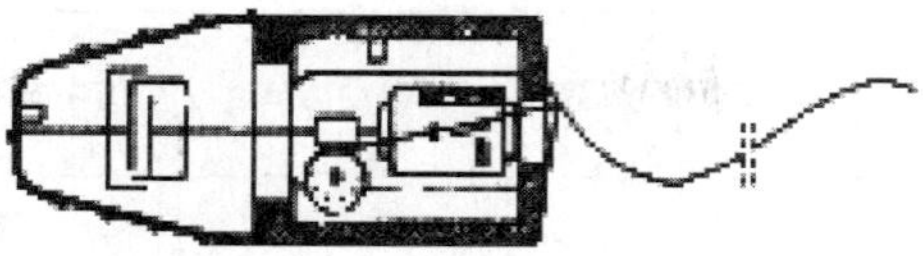

图 7-32　“蝌蚪”机器人

质量 30 g，总长 146 mm，利用无线电控制。机器鱼的游动速度为 112 mm/s，并且具有 136 mm 的转弯半径，能够比较真实地模仿真鱼游泳状态。另外，Robosea 公司设计了一条 BIKI 仿生机器鱼，如图 7-33 所示。这款仿生机器鱼配置了红外定位传感器，可以避开障碍物，较好地适应水下复杂环境。

图 7-33　BIKI 仿生机器鱼

7.5.3　仿生潜水器推进装置

1) 仿鱼类鱼鳍推进装置

大多数鱼类通过身体和尾鳍(BCF)的运动产生推力，而其他的鱼类有些则利用奇鳍和对鳍(MPF)进行推进。从进化学的角度考虑，使用 BCF 推进模式推进的鱼类更为优秀。大部分仿生鱼类潜水器是通过类鱼鳍进行推动的，仿生鱼鳍推动模式研究成果见表 7-2。

表 7-2　仿生鱼鳍推动模式研究进展

研制单位(时间)	仿生对象 推进模式	仿生鱼鳍条数	驱动方式	仿生鳍可调参数	推进性能
英国哈利尔 特瓦特大学 (2001 年)	MPF 波动鳍 推进模式	8 根鳍条 1 m×0.32 m	膜盒制动器 (PBAs)	波幅 波频	产生正、逆向推力，鳍条可实现三维运动

续表

研制单位(时间)	仿生对象推进模式	仿生鱼鳍条数	驱动方式	仿生鳍可调参数	推进性能
美国 西北大学 (2003 年)	“黑魔鬼”鱼	13 根鳍条 0. 53 m×0. 005 m	数字伺服电机	波幅 波频 波长	正、逆向推进，制动
日本 大阪大学 (2005 年)	鳐	17 根鳍条 0. 544 m×0. 075 m	伺服电机	波频 波长	6 自由度运动，速度可达 0. 4 m/s
新加坡南洋 理工大学 (2005 年)	乌贼	10 根鳍条 1 m×0. 2 m	伺服电机	波幅 波频 波长	正、逆向推进
中国国防 科技大学 (2004 年)	尼罗河魔鬼鱼	13 根鳍条 1 m×0. 16 m		波频 波长	正、逆向推进，速度可达 0. 9 m/s
爱沙尼亚 塔尔图大学 (2004 年)	鳐	8 片肌肉单元	人工肌肉 (EPA)	波幅 波频 波长	推进速度 0. 005 m/s，波幅可达 15 mm

由表 7-2 可见，虽然已经对各种鱼类进行了仿生研究，并且获得了相关的研究成果，但是在推进速度上还是存在不足，并且存在技术上的局限性。

2）喷水式推进装置

早在 340 多年前便有了喷水形式的推进方式，其演变经历了液压泵推进、间歇性喷水推进、底板式喷水推进、尾板式喷水推进和外挂式喷水推进等类型。虽然喷水式推进的适用范围比较广泛，技术也相对比较成熟，但大部分结构体积庞大、形态笨重，控制系统较为复杂，因此，大多应用于比较快速的中小型舰艇。其可以单独使用，也可以与螺旋桨组合使用。根据现有技术发展，喷水式推进装置很难应用于仿生微型机器人。

喷水式推进装置主要由进水管、喷口、泵以及传动装置、操舵和倒车装置等结构组成。按照舰船上的布置，可以分为内藏式和外悬式两种形式。内藏式适用于高速军舰和高性能的船只；外悬式适用于重载荷的工作船和消音潜艇以及大型登陆军舰。

如图 7- 34 所示，容积式液压泵喷水推进装置的电机 5、容积式喷射泵 7 通过联轴器 6 相连，吸水口 2 位于舱体 1 的头部，其吸水端通过吸水管路 4 与容积式喷射泵 7 的进水口相连，溢流阀 10 并联在容积式喷射泵 7 的出水口，其具有过载安全保护作用。该水下推进器可以安装在各种航行器的舱体 1 内，工作时将航行器运动前方的流体通过舱体 1 前端的吸水口 2 吸入，经过滤器 3 过滤后，再经吸水管路 4 进入容积式喷水泵 7，通过出水管 8 输出到舱体 1 尾部的喷嘴 9，在喷嘴 9 的作用下形成高压水射流，从而对舱体 1 产生巨大的反推力。水下推进装置的反推力大小可通过调节电机的转速进而控制容积喷射泵输出到喷嘴的压力和流量；水下航行器的前进方向可通过改变喷嘴的水射流方向进行调节。

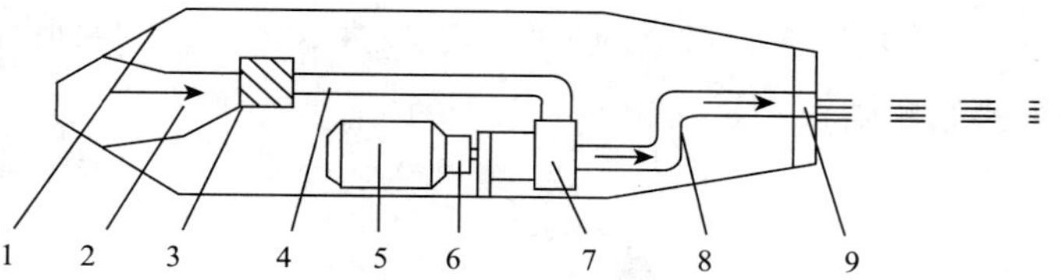

(a) 结构

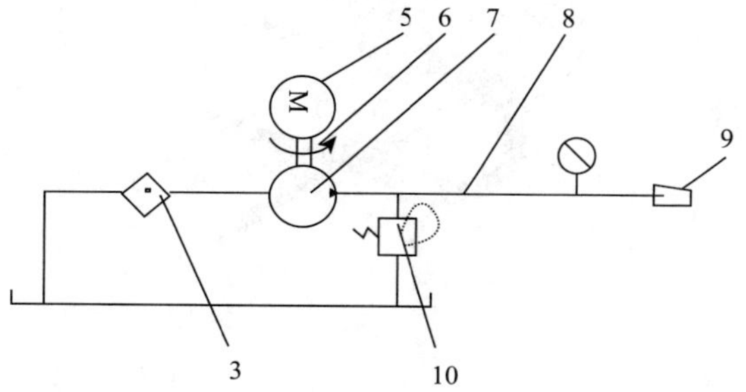

(b) 原理图

图 7-34 容积式液压泵喷水推进器简图

1—舱体；2—吸水口；3—过滤器；4—吸水管路；5—电机；6—联轴器；7—容积式喷射泵；8—出水管；9—喷嘴；10—溢流阀

3）螺旋桨推进装置

螺旋桨推进装置利用螺旋桨自身的转动，将流体后推，根据力的相互作用原理，水给螺旋桨相反的作用力，所产生的推力使得船只向前运动。早在 1752 年，螺旋桨便被应用在船上代替风帆使用。一般情况下，螺旋桨可看成一个一面旋转一面前进的机翼，为使螺旋桨运行良好，必须使螺旋桨各个剖面在升阻比较大的迎角时工作，这样可获得较大的拉力，较小的阻力矩，效率较高。

螺旋桨俗称车叶，由若干桨叶所组成。桨叶的数目通常为三叶、四叶或五叶，各叶片之间相隔的角度相等。螺旋桨通常装在船的尾部，螺旋桨与艉轴的连接部分称为毂，桨叶固定在毂上。从船尾向船首看到的螺旋桨桨叶的一面称为叶面(压力面)，另外一面称为叶背(吸力面)。桨叶的外端为叶梢，而与毂的连接处称为叶根。螺旋桨旋转时，叶梢的圆形轨迹为梢圆，此圆称为螺旋桨桨盘，直径称为螺旋桨直径，其面积称为盘面积。

螺旋桨正车旋转时，如由船尾向船首所见到的旋转方向为顺时针方向，则螺旋桨称为右旋桨，反之称为左旋桨。双桨船的螺旋桨装在船尾两侧，正常旋转的时候，若其上都向着船中线转动的称为内旋桨，反之为外旋桨。

螺旋桨工作时，轴向速度不随半径的变化而变化，而切线速度随半径的变化而变化。因此，在接近桨尖的部位，半径较大处气流角较小，对应桨叶角也应较小。而在接近桨根的部位，半径较小处气流角较大，对应的桨叶角也较大。螺旋桨的桨叶角从桨尖部位到桨根部位按一定规律逐渐加大。螺旋桨如图 7-35 所示。

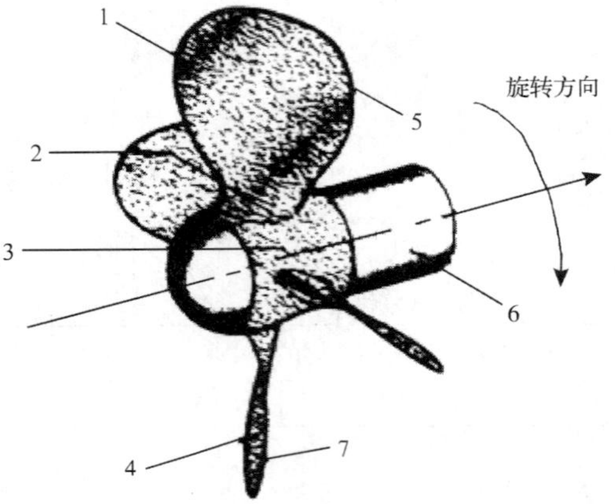

图 7-35　螺旋桨示意图

1—随边；2—叶根；3—桨毂；4—叶面；5—导边；6—桨轴；7—叶背

7.5.4　仿生潜水器机构分析

1) 驱动工作原理

仿生潜水器的驱动原理来自海洋中鱼类的推进机理，因此，需要对鱼类的推进机理进行分析比较。

从驱动的角度来看，由于鱼类游动的方式不同，可以分为两类：一类为 BCF 模式，即通过身体的摆动以及尾鳍的方式使身体前进；另一类为 MPF 模式，即通过胸鳍和对鳍的摆动使身体前进。

2) 驱动方式分析

目前常用的驱动方式分为两大类：传统驱动和新功能材料驱动。

在已研制的仿生潜水器中，传统而又成熟的电机驱动占了多数。传统的电机驱动虽好，仍有其不可避免的缺点，如电机重量过大、反应迟钝、能耗过高等缺点严重限制了潜水器的应用与发展。因此，各国科学家开发了许多新型智能驱动材料。如压电陶瓷可根据受到的外力大小改变电流的大小。形状记忆合金具有良好的金属特性，在自身承受范围之内，合金受到的外部影响不会导致永久破坏，随着时间流失，合金会慢慢恢复最初的形状。电活性聚合物(Electroactive Polymers，简称 EAP)属于人工肌肉的一种，由导电高分子材料集束在一起制成，通过电流可控制其收缩。

功能材料作为一种新型材料，具有传统传动所没有的优势，其小而牢固，但是价格昂贵，且驱动力不足。

由表7-3和表7-4可知，传统驱动方式已经趋向成熟，所提供的动力相对较大，采用传统驱动方式的仿生潜水器的行动较快。在传统驱动方式中，分别为电机驱动、液压驱动和气压驱动。由于仿生潜水器的工作环境在水下，因此，电机驱动更加适合，且电机具有精度高、响应快的特点，而液压驱动与气压驱动一旦出现问题，更换维修都相对麻烦。

表7-3　传统驱动方式比较

驱动方式	优点	缺点
电机驱动	技术成熟，精度较高，成本低	将电机转动转换为尾鳍摆动有些难度
液压驱动	输出力矩/质量比大，反应灵敏，承载能力大	需要恒压泵，移动件容易漏油，污染环境
气压驱动	实现高速直线运动，空气的可压缩性容易实现力与缓冲控制	高精度位置与速度控制都困难，刚性较差，排气噪声较大，产生大量气泡

表7-4　新功能材料驱动方式比较

驱动方式	优点	缺点
形状记忆合金	驱动力/质量比大，变形量大，结构简单，驱动电压低	重复多次记忆，效应会退化，对该材料的研究尚属初步，材料难获取，价格贵
压电陶瓷	变形精度高，响应级快	形变增大，输出力矩变小，对外界干扰力敏感，变形量小于1‰，驱动电压超过100 V
电活性聚合物	能耗低，无噪声，变形量大	驱动力矩小，频率低

3)传动机构分析

在仿生潜水器系统中，因交流电源需通过隔离变压器供电，因此，仿生潜水器系统通常选择直流电机。直流电机可以分为两种，根据其有无电刷结构可分为有刷电机和无刷电机。无刷电机使用周期长，推动力强，但需要专用的传动电路，且体积较大。直流有刷电机的运动方式为圆周运动，但是机器鱼尾巴是来回摆动的，因此，必须将电机的转动改变为尾巴的摆动。有两种方式可以达到目标，一种是纯机械方式，运用四连杆机构原理，使用其中的曲柄摇杆机构，使尾鳍来回摆动；另一种是通过电气控制电机，达到尾鳍的来回摆动。

以上两种方法的传动图如图 7-36 和图 7-37 所示。

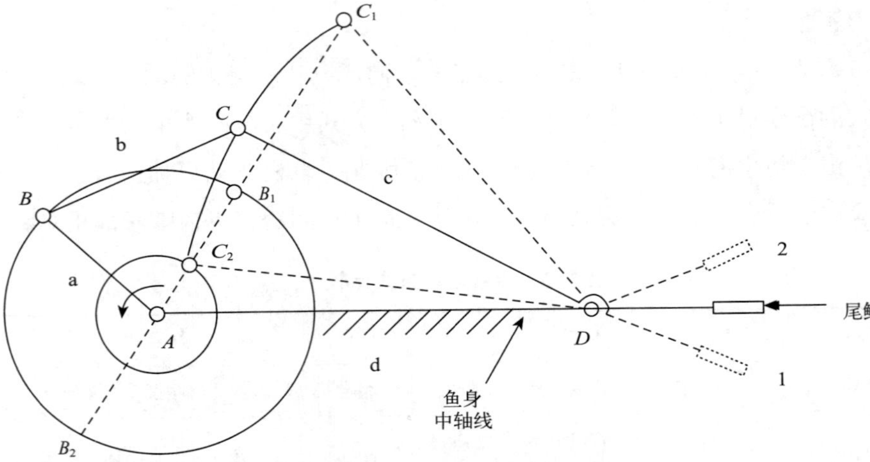

图 7-36　曲柄摇杆机构传动图

在图 7-36 曲柄摇杆机构传动图中，经过一级锥齿轮降低速度后，电机使杆件 a 转动，从而使杆件 c 在 1 和 2 两个地方来回转动，进而使得摇杆 c 实现 1 与 2 两个极限位置之间的往复摆动。

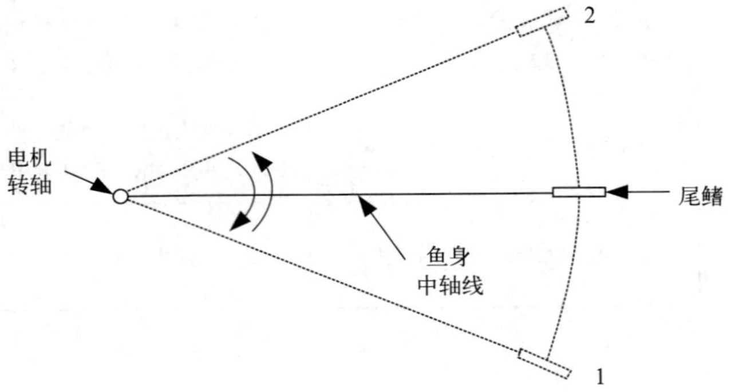

图 7-37　电机直驱机构传动图

在图 7-37 中，经过一级锥齿轮降低速度后，电机使电机转轴转动，从而使尾鳍可以在 1 和 2 两个地方来回摆动。

两种传动结构的对比见表 7-5。

表 7-5　两种传动机构对比

传动机构	优点	缺点
曲柄摇杆机构	电动整轴转动，控制简单	机械结构复杂，加工相对困难，尾鳍的摆幅不可调
电机直驱机构	机械结构简单，尾鳍摆幅可调	控制复杂，对控制电路要求较高

图 7-36 所示清楚地描述了曲柄摇杆机构运动过程中扫过的扇形区，在运动过程中，必须在仿生潜水器的外壳上开出一个窗口，摇杆机构才能自如地运动，因此，密封成为需要解决的关键问题。很多仿生潜水器采用风琴套将壳体尾部与尾鳍整个包覆密封，但是这种结构成本较高，应用较为有限。这两种机构的密封方式如图 7-38 和图 7-39 所示。

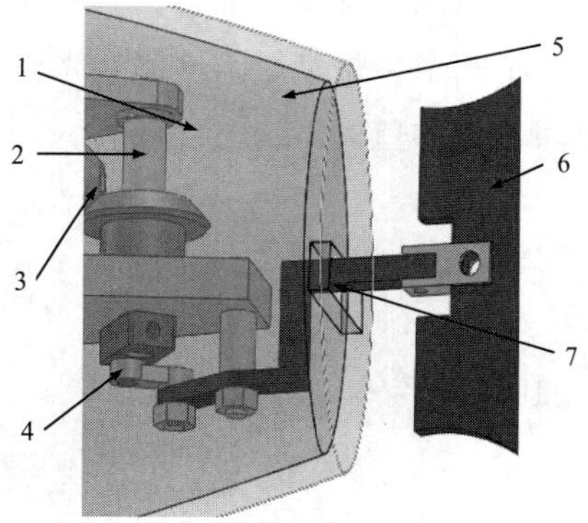

图 7-38　曲柄摇杆机构密封图

1—摇杆；2—连接架；3—曲柄；4—转轴；5—外壳；6—尾鳍；7—动密封部位

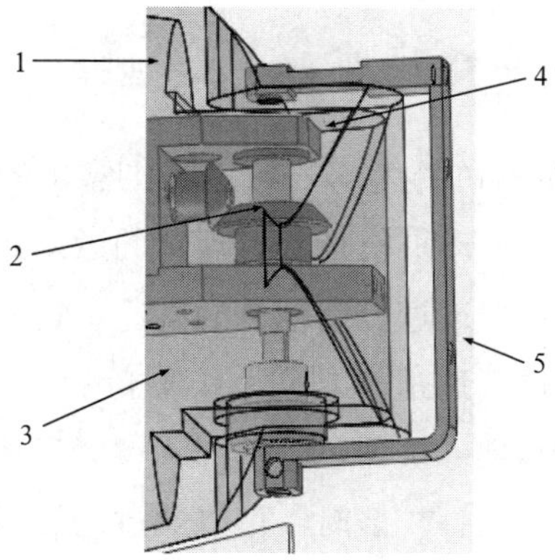

图 7-39　电机直接传动密封图

1—外壳；2—转轴；3—电机输出轴；4—动密封；5—尾鳍架

从稳定性上看，曲柄摇杆机构具有四个转动副，转动副个数越多，机构的可靠性越低。一旦一个杆件出现问题，可能导致整个机构无法正常运转。因此，电机直接传动具有较好的稳定性，其结构比较简洁，加工简单，密封性能好。

7.5.5 水下仿生机器鱼组成

对于仿生潜水器的组成结构，不同种类的潜水器有着各自不同的组成结构。

图 7-40 所示即为典型的水下仿生机器鱼，外形仿造金枪鱼的外形，具有良好的游动能力。其外壳材料为玻璃钢，具有杰出的抗压能力以及防渗能力。外壳分为三个部位，针对金枪鱼的游动特点进行分布。水下仿生机器鱼的尾部放置三个结点的摇动机构，前两个控制尾柄的摇动，后一个用来控制尾鳍的运动。另外两个部位，头部系统避免了开环控制，防止系统紊乱；中体部位具有高强度的抗压能力，可安全装载需要的设备或仪器。外部结构上，为了保持平衡，安装了三个鱼鳍装置。尾鳍用来推进机器鱼的前进和后退，而背部和胸部的两个鱼鳍则可以防止机器鱼的不自觉摆动。

图 7-40　水下仿生机器鱼原理样机“仿生-Ⅰ”号

图 7-41 所示为水下仿生机器鱼的内部分布，是机器鱼的传动装置，其中放置了三台伺服电机，每台电机各有用途。传动电机控制机器鱼的运动，配合三个鱼鳍的摆动达到运动的效果。鱼鳍由伺服电机控制，通过控制电机的转速、角度以及频率达到鱼鳍不同的运动方式，使机器鱼能够自如前进、后退和转向。机器鱼的上下浮动也是由传动电机完成，采用给胸鳍不同的角度传动来达到。机器鱼的内部不仅仅安装有传动装置，还放置着各种探测工具设备。当所需要携带的设备较多时，可以通过增加机器鱼的长度来达到内部体积增大的目的，这样可以避免机器鱼因为超重而沉陷。

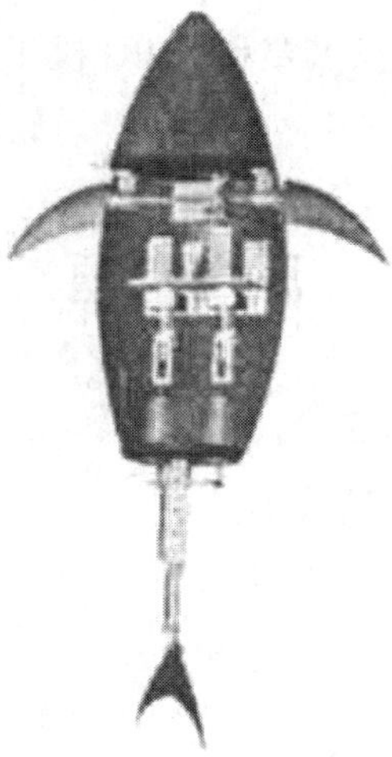

图 7-41　“仿生-Ⅰ”号内部布置示意图

7.5.6　水下仿生机器鱼控制系统

由图 7-42 可知，该系统分为三部分，分别为 PC 机、控制信号收发器和无线收发模块，PC 机位于地面控制室，便于远程控制；控制器内置控制程序，当接收到信息后可自动进行处理控制；无线收发模块接受、发射信号。

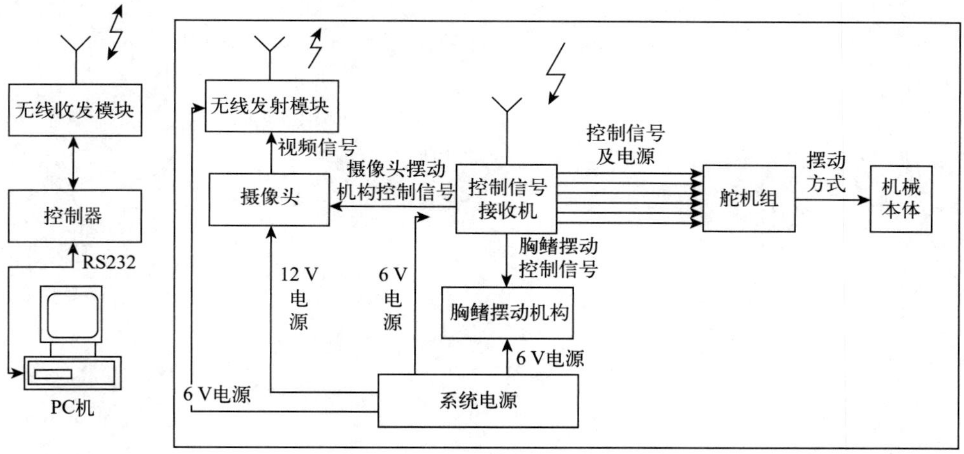

图 7-42　水下仿生机器鱼的控制系统分布图

当工作时，机器鱼将在水下获取的视频信号传输给无线接收模块，发射模块将经过处理的信号传输给控制信号收发器，由其传输信号控制机器鱼的运动，控制信号接收机发送控制信号给舵机组，改变摆动方式控制机器鱼；发送摆动控制信号，则控制胸鳍摆动机构控制机器鱼。控制器在无人控制的情况下可以自行控制机器鱼运动，而PC机如同大脑，可以决定控制器的运作。工作人员只需要利用PC机了解机器鱼的实时动态，从而更好地控制机器鱼。

思考题

1. 简述潜水器的分类及应用领域。
2. 分析潜水器的系统组成和关键技术。
3. 叙述仿生潜水器的类型及工作原理。

参考文献

安洪瑞，2005. 水下运载器智能对接装置控制系统的研究[D]. 哈尔滨：哈尔滨工程大学.

安少军，2012. 深水海底管道套筒连接器密封接触特性研究[D]. 哈尔滨：哈尔滨工程大学.

闭治跃，2008. 挖泥船泥浆管道输送系统效率优化与控制研究[D]. 杭州：浙江大学.

曹江丽，2009. 水下机器人路径规划问题的关键技术研究[D]. 哈尔滨：哈尔滨工程大学.

曹宏建，2013. 水下连接器测试装置的研制[D]. 哈尔滨：哈尔滨工程大学.

曹立文，2006. 水下金刚石绳锯机切割技术的研究与工程样机的研制[D]. 哈尔滨：哈尔滨工程大学.

曹健，2012. 海底犁式挖沟机控制系统研究[D]. 哈尔滨：哈尔滨工程大学.

常艳艳，2010. 水下运载器对接装置虚拟仿真系统关键技术研究[D]. 哈尔滨：哈尔滨工程大学.

崔海，2007. 水下金刚石绳锯磨削技术及机理研究[D]. 哈尔滨：哈尔滨工程大学.

陈柏，顾大强，潘双夏，等，2005. 仿蝌蚪与螺旋的泳动机器人系统的设计[J]. 机械工程学报（10）：88-92.

陈实，2012. 虚拟试验系统中 AUV 目标探测信息处理方法的研究[D]. 长沙：国防科学技术大学.

陈元杰，2011. 水下机器人双目立体视觉定位系统研究[D]. 杭州：浙江大学.

邓薇，2011. FROV 作业流程仿真技术研究[D]. 哈尔滨：哈尔滨工程大学.

董衍辉，段梦兰，王金龙，等，2012. 深水水下连接器的对比与选择[J]. 石油矿场机械（4）：6-12.

杜文博，朱胜，孟凡军，2009. 水下切割技术研究及应用进展[J]. 焊接技术（10）：1-5.

方世鹏，2008. 水下矢量推进螺旋桨装置设计与研究[D]. 长沙：国防科学技术大学.

冯正平，2005. 国外自治水下机器人发展现状综述[J]. 鱼雷技术（1）：5-9.

甘永，2007. 水下机器人运动控制系统体系结构的研究[D]. 哈尔滨：哈尔滨工程大学.

高富东，2012. 复杂海况下新型水下航行器设计与关键技术研究[D]. 长沙：国防科学技术大学.

高涛，2003. 基于八叉树模型的水下机器人三维全局路径规划研究[D]. 哈尔滨：哈尔滨工程大学.

高伟，2007. 绞吸船挖岩工艺研究[D]. 天津：天津大学.

管乐乐，2007. 某型 AUV 全局路径规划技术研究[D]. 哈尔滨：哈尔滨工程大学.

郭钽，2012. 海底犁式挖沟机结构设计与试验研究[D]. 哈尔滨：哈尔滨工程大学.

郭轶尊，2003. 智能机器人标图规划系统及相关技术的研究[D]. 哈尔滨：哈尔滨工程大学.

郭悦，2007. 智能水下机器人自救控制系统研究[D]. 武汉：华中科技大学.

郭志军，2013. 水下机器人运动控制器的设计[D]. 哈尔滨：哈尔滨工程大学.

韩龙，2013. 全电力驱动挖泥船电气系统设计研究[D]. 上海：上海交通大学.

韩盈盈，2010. 自主式水下机器人的分布式运动控制系统算法与实现[D]. 青岛：中国海洋大学.
贺小峰，黄国勤，朱碧海，等，2004. 海水液压动力驱动的水下作业工具系统[J]. 液压与气动（8）：49-51.
侯恕萍，2005. 水下运载器主动对接装置控制技术研究[D]. 哈尔滨：哈尔滨工程大学.
胡金涛，2013. 智能化抓斗卸船机的若干关键技术研究[D]. 武汉：武汉理工大学.
黄喜平，2007. 电动对接装置机械臂设计和电机驱动的研究[D]. 哈尔滨：哈尔滨工程大学.
贾鹏，2006. 水下金刚石绳锯机检测及控制技术研究[D]. 哈尔滨：哈尔滨工程大学.
井延苗，2014. 支架液压系统可靠性分析系统设计[D]. 西安：西安科技大学.
纠海峰，2011. 水下机器人在湍流环境下对化学羽状物的追踪定位[D]. 哈尔滨：哈尔滨工程大学.
柯军，2007. 绞吸式挖泥船三锚定位系统的设计[D]. 武汉：武汉理工大学.
李爱利，王定亚，陈才虎，等，2013. 锁块式水下连接器技术研究及发展趋势[J]. 石油机械（11）：49-52.
李春生，王任胜，孟昭军，2015. 长管道不停输开孔机设计方案分析[J]. 自动化技术与应用（9）：110-113.
李东起，2010. 基于 VxWorks 的水下目标探测跟踪研究[D]. 哈尔滨：哈尔滨工程大学.
李根生，牛继磊，刘泽凯，等，2002. 水力喷砂射孔机理实验研究[J]. 石油大学学报(自然科学版)（2）：31-34.
李广军，2001. 深潜救生艇多机械手对接装置的研究[D]. 哈尔滨：哈尔滨工程大学.
李红杰，2014. 绞吸式挖泥船绞刀系统液压冲击研究[D]. 秦皇岛：燕山大学.
李举锋，2011. AUV 多源观测数据融合方法及应用技术研究[D]. 哈尔滨：哈尔滨工程大学.
李坤，2013. 喷水推进系统主机加速性能仿真研究[D]. 哈尔滨：哈尔滨工程大学.
李文涛，2010. 悬停式 AUV 关键技术研究[D]. 上海：上海交通大学.
李晓晖，朱玉泉，聂松林，2008. 一种新型喷水推进器的设计及其关键技术[J]. 液压与气动（5）：28-32.
李晔，2004. 多水下机器人实时避碰规划研究[D]. 哈尔滨：哈尔滨工程大学.
李晔，2007. 微小型水下机器人运动控制技术研究[D]. 哈尔滨：哈尔滨工程大学.
李志强，2011. 绞吸式挖泥船的疏浚优化[D]. 镇江：江苏科技大学.
刘存根，2007. 基于 BP 网络的水下机器人(AUV)路径规划研究[D]. 青岛：中国海洋大学.
刘和祥，2009. 面向 AUV 回收控制的水下机器视觉研究[D]. 哈尔滨：哈尔滨工程大学.
刘伟力，2001. 挖泥船绞刀架设计方法[D]. 哈尔滨：哈尔滨工程大学.
刘祥庆，2011. 水下球形机器人嵌入式运动控制系统研究[D]. 北京：北京邮电大学.
刘向冬，2014. 槽型链斗式疏浚船设计研究[D]. 武汉：武汉理工大学.
刘兆毅，2012. 基于矢量喷水推进系统的球形水下机器人研究与开发[D]. 成都：电子科技大学.
刘忠伟，2005. 基于水射流技术的轧钢机清洗机的研究与开发[D]. 长沙：中南林业科技大学.

罗红魏，2007. 两栖仿生机器蟹关键技术研究[D]. 哈尔滨：哈尔滨工程大学.

罗萌，2007. 水下金刚石绳锯机液压控制及监测系统研究[D]. 哈尔滨：哈尔滨工程大学.

马士国，2010. 水下回收 AUV 的短基线导引与定位数据融合技术研究[D]. 哈尔滨：哈尔滨工程大学.

毛宇峰，2010. 水下机器人系统体系结构及避障控制技术研究[D]. 哈尔滨：哈尔滨工程大学.

孟庆鑫，王茁，袁鹏，等，2002. 水下作业工具系统的关键技术研究[J]. 哈尔滨工程大学学报(1)：76-79.

孟庆鑫，曹立文，王立权，等，2006. 水下金刚石绳锯机切割技术的研究[J]. 哈尔滨工程大学学报（3）：429-433.

孟婥，孟庆鑫，魏洪兴，等，1999. 水下作业捕捉机械手及对接策略[J]. 哈尔滨理工大学学报（3）：26-28.

孟婥，冯晓光，崔海，等，1999. 深潜救生艇水下对接机械手及其控制系统[J]. 哈尔滨工程大学学报（5）：23-28.

苗得雨，2008. 绞吸式挖泥船定位桩系统受力分析[D]. 天津：天津大学.

潘东明，王喆，钟德理，等，2008. 水下金刚石绳锯机的锯切垫板结构：200810239811. 1[P].

彭琳，2012. 海底犁式挖沟机吊接装置与抱管组件研究[D]. 哈尔滨：哈尔滨工程大学.

彭松林，2010. 基于曲柄摇杆机构的扑翼微飞行器的研究[D]. 上海：上海交通大学.

齐林庆，2011. 自主式水下机器人测控系统软件设计与实现[D]. 青岛：中国海洋大学.

齐云鹤，2009. 两自由度水下对接转裙研究[D]. 哈尔滨：哈尔滨工程大学.

钱卫星，2008. 挖泥船的分类及其发展趋势[J]. 江苏船舶（6）：7-9.

任经纬，2010. 绞吸式挖泥船集成控制系统的构建[D]. 上海：上海交通大学.

沈林成，王光明，2005. 仿鱼长鳍波动推进器研究的进展与分析[J]. 国防科技大学学报（4）：96-100.

盛沛，2013. 反铲式挖泥船稳性与悬挂系统提升力分析研究[D]. 武汉：武汉理工大学.

施东春，2014. 深海潜水器观察窗结构设计研究[D]. 北京：中国舰船研究院.

史伟，2009. 基于 SMA 驱动的仿蚯蚓蠕动式微型管道机器人的研究[D]. 哈尔滨：哈尔滨工程大学.

宋红生，2012，王东署. 仿生机器人研究进展综述[J]. 机床与液压（13）：179-183.

宋寿山，2006. 基于多推进器的 AUV 建模与控制器设计[D]. 西安：西北工业大学.

苏欣，2013. 海底犁式挖沟机结构设计及仿真分析[D]. 哈尔滨：哈尔滨工程大学.

孙丽，2011. 自治水下机器人(AUV)三维结构设计及仿真分析[D]. 青岛：中国海洋大学.

孙雪，2012. 吸盘式挖泥船吸盘特性研究[D]. 哈尔滨：哈尔滨工程大学.

唐德栋，王立权，孟庆鑫，等，2009. 深潜救生艇对接转裙的结构设计及承载能力分析[J]. 船舶工程（1）：1-4.

唐德栋，2010. 潜水器双转裙对接装置样机的研制及其实验研究[D]. 哈尔滨：哈尔滨工程大学.

唐建中，2007. 绞吸式挖泥船疏浚作业优化与控制研究[D]. 杭州：浙江大学.

唐旭东，2012. 大型耙吸挖泥船泥舱结构设计与研究[D]. 上海：上海交通大学.

王保刚，2010. 基于虚拟样机技术的自治水下机器人仿真系统研究[D]. 青岛：中国海洋大学.

王才东，2011. 深水管道法兰自动连接机具关键技术研究及样机研制[D]. 哈尔滨：哈尔滨工程大学.
王常金，2010. 定位桩液压抓斗挖泥船的施工方法[J]. 中国水运（9）：34-35.
王光明，2007. 仿鱼柔性长鳍波动推进理论与实验研究[D]. 长沙：国防科学技术大学.
王海波，2008. 海洋废弃平台桩基拆除绳锯机研制及其动力学研究[D]. 哈尔滨：哈尔滨工程大学.
王慧，2008. 水下金刚石绳锯机关键技术研究与样机研制[D]. 哈尔滨：哈尔滨工程大学.
王建国，2011. 水下机器人运动控制与故障诊断技术研究[D]. 哈尔滨：哈尔滨工程大学.
王金童，2009. 壁虎墙面和虎纹捕鸟蛛地面运动步态与反力的测试与分析[D]. 南京：南京航空航天大学.
王立权，唐德栋，孟庆鑫，等，2011. 救生艇双转裙对接装置样机的研制及其试验研究[J]. 机械工程学报（9）：39-44.
王立权，唐德栋，吴健荣，等，2008. 水下运载器新型对接裙口的结构及运动学研究[J]. 中国机械工程（23）：2814-2818.
王立权，王才东，王文明，等，2010. 水下液压油路对接装置的结构及精度研究[J]. 哈尔滨工程大学学报（9）：1253-1258.
王利朋，2012. AUV 水下对接定位技术研究[D]. 大连：大连海事大学.
王露斯，2011. 吸扬式挖泥船挖泥模块研究[D]. 哈尔滨：哈尔滨工程大学.
王启明，谭定忠，王茁，等，2004. 水下作业工具系统[J]. 机械工程师（8）：65-68.
王启明，高安礼，谭定忠，2006. 深水液压软缆割刀设计[J]. 机械工程师（9）：90-91.
王琦，2011. 水下高压射流喷嘴仿真分析与搭载机具设计[D]. 哈尔滨：哈尔滨工程大学.
王士凯，2014. 基于水下无线传感器网络的 AUV 自组网关键技术研究[D]. 青岛：中国海洋大学.
王璇，刘涛，高波，2012. 水下机械手的研发现状及发展趋势[J]. 机电产品开发与创新（3）：25-26，29.
王晓鸣，2007. 水下自航行器运动控制研究[D]. 天津：天津大学.
王彦昊，2011. 挖泥船动力定位系统控制策略研究[D]. 镇江：江苏科技大学.
王阳，2013. 疏浚抓斗平挖技术理论研究与实验分析[D]. 武汉：武汉理工大学.
王一童，2009. 前视扫描声呐的成像与目标特征提取[D]. 青岛：中国海洋大学.
王宇鑫，2012. “海螺一型”ROV 控制系统结构与艏向控制技术研究[D]. 杭州：浙江大学.
王智鹏，2013. 海底犁式挖沟机液压系统设计及实验研究[D]. 哈尔滨：哈尔滨工程大学.
温秀平，2012. 水下机器人特性分析及其控制方法研究[D]. 哈尔滨：哈尔滨工程大学.
吴德发，2007. 旋转型海水液压水下作业工具及其动力源的研究[D]. 武汉：华中科技大学.
肖文彬，2007. 基于神经网络的水下机械手控制方法研究[D]. 武汉：华中科技大学.
谢涛，2007. 单马达驱动机械臂的研究与实现[D]. 武汉：华中科技大学.
徐建安，2006. 水下机器人动力学模型辨识与广义预测控制技术研究[D]. 哈尔滨：哈尔滨工程大学.
徐建宁，2007. 水下航行器内部信息传输方法研究[D]. 西安：西北工业大学.

徐璐瑜，2014. 智能水下机器人运动规划研究[D]. 镇江：江苏科技大学.

徐鹏飞，2014. 11000 米 ARV 总体设计与关键技术研究[D]. 北京：中国舰船研究院.

许国华，2005. 斗轮式挖泥船挖掘轨迹控制及综合监控研究[D]. 杭州：浙江大学.

燕奎臣，吴利红，2007. AUV 水下对接关键技术研究[J]. 机器人（3）：267-273.

闫鹏，2013. 水下机器人回收对接水动力仿真[D]. 大连：大连海事大学.

杨会永，2013. 反铲挖泥船反铲装置运动学建模与系统设计[D]. 镇江：江苏科技大学.

杨清海，喻俊志，谭民，等，2007. 两栖仿生机器人研究综述[J]. 机器人（6）：601-607.

姚峰，2012. 水下机器人基础运动控制体系结构及运动控制技术研究[D]. 哈尔滨：哈尔滨工程大学.

尹志华，2011. 大型耙吸挖泥船动力定位控制算法研究[D]. 镇江：江苏科技大学.

尤学刚，杜夏英，孔令海，2013. 深水水下连接器制造国产化展望[J]. 机电设备（5）：30-32.

于华男，2003. 开架式水下机器人辨识与控制技术研究[D]. 哈尔滨：哈尔滨工程大学.

俞强，2014. 深海无人智能潜水器力学性能和能源系统综合优化方法研究[D]. 镇江：江苏科技大学.

喻开安，赵宏林，张宏，等，2006. 水下开孔机进尺计数装置研究[J]. 石油矿场机械（1）：1-4.

喻重山，张宏，赵宏林，等，2007. 压力平衡式水下开孔机液压控制系统的设计[J]. 机床与液压（9）：127-128.

喻重山，张宏，赵宏林，等，2010. 水下管道开孔机的设计[J]. 中国机械工程（3）：268-270.

袁金如，2012. 海底犁式挖沟机动力学分析与结构优化设计[D]. 哈尔滨：哈尔滨工程大学.

袁威，2011. 吸盘式挖泥船吸盘特性研究[D]. 哈尔滨：哈尔滨工程大学.

翟宇毅，刘亮，陈为华，等，2005. 一种超小型碟型水下机器人设计[J]. 西安电子科技大学学报（3）：464-467.

翟晓荣，孙建梅，孟庆鑫，等，2003. 水下抢修作业船并联对接装置方案研究[J]. 船舶工程（5）：29-31.

张波，2013. 自治式水下机器人水下对接装置研究[D]. 哈尔滨：哈尔滨工程大学.

张波，王茁，2008. 便携式水下电动切割器的设计[J]. 机械工程师（6）：54-56.

张将，孙斌，张艾群，等，2000. 一种水下钢丝绳切割器：CN00123284. 3[P].

张岚，孟庆鑫，王立权，等，2005. 水下金刚石绳锯机技术方案分析与设计[J]. 机械设计（8）：8-12.

张岚，孟庆鑫，弓海霞，等，2005. 基于海管干式维修的金刚石绳锯机方案设计与研究[J]. 机床与液压（1）：56-58.

张朔，2011. 数据驱动的耙吸式挖泥船疏浚作业模型及优化[D]. 上海：上海交通大学.

张忠林，王立权，叶秀芬，等，2009. 潜器对接装置的设计与分析[J]. 中国造船（3）：57-64.

章永华，2008. 柔性仿生波动鳍推进理论与实验研究[D]. 合肥：中国科学技术大学.

臧鹏，2013. 液动冲击钻具数字化设计与仿真研究[D]. 西安：西安石油大学.

赵兵杰，赵宏林，张宏，等，2009. 全自动海底油气管道开孔机的设计[J]. 石油矿场机械（7）：34-38.

赵晶，2007. AUV 模糊神经网络混合学习算法的控制研究[D]. 哈尔滨：哈尔滨工程大学.

赵寿元，李勇，高军伟，等，2007. 水下切割技术的研究[J]. 机械研究与应用（5）：26-27.

赵彦刚，2012. 大口径油气管道带压不停输开孔机的开发研究[D]. 南京：南京航空航天大学.

朱华，花银群，2007. 水下激光切割质量影响因素的研究[J]. 激光杂志(3)：73-74.

朱健，2006. 水下航行器开放式系统数据传输方法研究[D]. 西安：西北工业大学.

朱灵杰，2010. 船舶运动态势监测与分析系统的设计与研究[D]. 镇江：江苏科技大学.